U0665449

中国孩子喜爱的科普读物，孩子从这里了解世界

少儿经典必读

彩色典藏版

恐龙公园

芳园◎主编

天津出版传媒集团

天津人民出版社

图书在版编目（CIP）数据

恐龙公园：彩色典藏版 / 芳园主编 . -- 天津：天
津人民出版社，2015.10
　　（七彩书坊）
　　ISBN 978-7-201-09695-7

　　Ⅰ.①恐… Ⅱ.①芳… Ⅲ.①恐龙－青少年读物
Ⅳ.① Q915.864-49

中国版本图书馆 CIP 数据核字 (2015) 第 221886 号

天津人民出版社出版

出版人：黄 沛

（天津市西康路 35 号　邮政编码：300051）

邮购部电话：（022）23332469

网址：http://www.tjrmcbs.com

电子信箱：tjrmcbs@126.com

三河市兴国印务有限公司印刷　新华书店经销

2015 年 10 月第 1 版　2015 年 10 月第 1 次印刷

690×960 毫米　16 开本　20 印张　字数：300 千字

定价：69.00 元

前 言

　　在上亿年前的地球上生活着这样一个庞大的种族，它们就是中生代霸主——恐龙。恐龙称霸地球超过 1 亿年，但是却在 6500 万年前神秘地灭绝，没有人知道究竟是什么原因导致他们灭亡，这已经成为了千古之谜。

　　本书讲述了人们最为熟悉的多种恐龙的起源、外形以及生活方式等方面的知识。介绍了大大小小、各种各样的恐龙，包括巨大的食草恐龙、危险的食肉恐龙、"装备齐全"的剑龙和具有自我防卫能力的甲龙等等。此外，奥帕曼还为我们讲解了恐龙演化的过程，并阐释了恐龙最终灭绝的原因。早期人们对恐龙的种种推测和猜想，不断被新发掘出的化石所推翻，很多认识不得不予以更正。随着近年来越来越多的恐龙化石被发现，人们对恐龙世界的认识比过去更加准确和全面了。

人们为什么会对恐龙情有独钟呢？这是因为恐龙是地球存在 56 亿年来最神奇的生命，而我们很难重构那段消失的历史。很多人都在探索那段历史，这本书就好像奇妙的史前记忆恢复术，将这段远古奇迹呈现在大家面前。本书带你走进一个已消亡的世界，认识神奇的动物——恐龙。

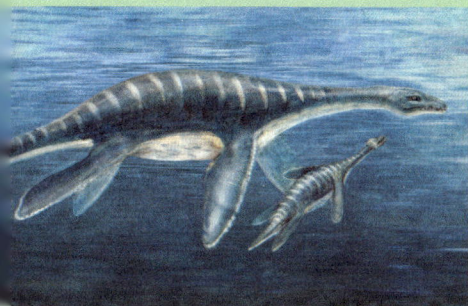

目 录

➔ 侏罗纪——称霸地球

目录

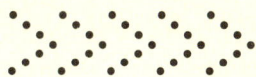

→ 白垩纪——帝国落幕

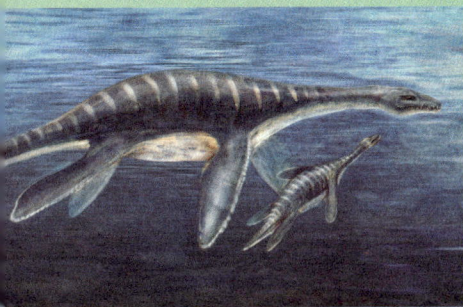

目录

➡ 恐龙公园——未解之谜

恐龙——
完美的形体构造者

恐龙是中生代的有着多样化优势的脊椎动物，支配全球陆地生态系统超过1亿6000万年之久。恐龙最早出现在2亿4500万年前的三叠纪，灭亡于约6500万年前的白垩纪晚期所发生的白垩纪末灭绝事件。

认知恐龙

霸王龙

霸王龙身长约13米，体重约6.8吨，生存于白垩纪末期，距今约6850万年到6550万年。

　　恐龙出现在2亿4500万年前的三叠纪，灭绝于约6500万年前的白垩纪晚期。恐龙最终灭绝于6300万年前。但是关于恐龙灭绝的原因仍然存在很多争议。

　　1862年发现的始祖鸟化石，与美颌龙化石惊人的相似，最大的差别在于始祖鸟化石有羽毛痕迹，恐龙极有可能与鸟类是近亲。

　　自从20世纪70年代以来，许多研究发现，现代鸟类很有可能是兽脚亚目恐龙的直系后代。甚至于部分专家把鸟类当作幸存下来的恐龙，还有少数科学家认为它们应该属于同一纲。

　　恐龙的另一类现代近亲是鳄鱼，但两者关系较恐龙与鸟类远。

　　专家指出恐龙、鸟类、鳄鱼都属于爬行动物的初龙类演化支，该演化支最早出现于晚二叠纪，发展到中三叠纪成为优势动物群。

在 20 世纪前半期，科学家与大众媒体都把恐龙当作行动缓慢、慵懒的冷血动物。但是从 70 年代开始的恐龙文艺复兴后，许多专家提出恐龙也许是群活跃的温血动物，并可能存在社会行为。

最近发现的众多恐龙与鸟类之间关系的证据，为恐龙是温血动物的假设提供了依据。

蛇颈龙

蛇颈龙是海中爬行类的一种，海中爬行类包括了海洋鳄鱼和鱼龙。它们由陆上生物演化而来，再回到海洋中生活。这些中形的爬行类恐龙活在三叠纪到白垩纪晚期。

翼龙

翼龙是最早出现的能飞行的脊椎动物。其特征是前肢第四指骨加长加粗，支撑由身体侧面延展的皮膜，形成翅膀。三叠纪晚期出现，白垩纪末灭绝。全球分布。

你知道吗？

人类发现恐龙化石的历史由来已久。早在发现恐龙之前，欧洲人就已经知道地下埋藏有许多奇形怪状的巨大骨骼化石。直到古生物学家曼特尔发现了禽龙并与蜥蜴进行了对比，科学界才初步确定这是一群类似于蜥蜴的早已灭绝的爬行动物。

恐龙的种类

异特龙

异特龙是典型的大型兽脚类恐龙，拥有大型头颅骨、长尾巴和缩短的前肢。脆弱异特龙是最著名的一种，平均身长为8.5米，最大的异特龙标本身长约为9.7米，体重为2.3吨。

恐龙属于一个庞大的种群，在中生代的生物圈里占据霸主地位。

在时间上，恐龙存活了1.5亿年之久；在分布上，恐龙的足迹踏遍七大洲。但是，大多数恐龙化石是在美国、阿根廷、中国、加拿大、蒙古和英格兰发现的。

通过研究发现大多数恐龙属只有1个种，少数恐龙属有2个或3个种。据专家统计，目前发现的恐龙有286个属，有336个种。

当然这绝不是恐龙真实的属种数量，还有大量恐龙化石深埋地下，尚未被发现。甚至还有不少恐龙淹没在历史长河中，连化石都没有留下。

美国宾夕法尼亚大学的多德森教授，对如何估计在地球上生存过的恐龙的属数进行了多年的研究。他估计，地球上曾有900～1200属的恐龙生存过，但只有一部分的化石被人类发掘。在发掘后认真研究的则更少。

按多德森的看法，我们已经发现的恐龙属数，为实际数量的1/4~1/3。这就说明，还有更多的恐龙化石等待着人们去发现，恐龙的发现和研究工作任重而道远。

相信经过人们不懈的努力，新的恐龙属种终究会被发现。众多被埋在地底深处的恐龙化石，终有一天会名扬天下的，恐龙公园也会更加丰富多彩。

蜥鸟龙

聪明的蜥鸟龙是所有恐龙中行为最活泼幽雅的类群中的一种。它的身材有如一匹小马驹，身长如同一辆轿车。蜥鸟龙是已知的伤齿龙科中的一种。

你知道吗 ?

在美国发现的恐龙有64属，居世界之冠。蒙古发现40属，中国发现36属，加拿大发现31属，英国发现26属，阿根廷发现23属。（彼此相似的动物，在生物分类学上同划归一个"属"，如猫、虎、狮、豹等均归猫属，但它们各自属于不同的种。）

雷龙

雷龙是蜥脚下目恐龙的一个属。生活于侏罗纪，约1亿5000万年前。它们是陆地上存在的最大的动物之一，身长约26米，体重在24～32吨。

恐龙的分类

恐龙与其他爬行动物的最大区别在于它们的站立姿态和行进方式，恐龙可以完全直立起来，其四肢构建在其体躯的正下方位置。这样的身体架构更有利于恐龙行走与奔跑。根据腰带的构造特征不同，恐龙可以划分为两大类：蜥臀目和鸟臀目。

蜥臀目和鸟臀目区别在于其腰带结构：鸟臀目的腰带，肠骨前后都大大扩张，耻骨前侧有一个大的前耻骨突，伸在肠骨的下方，后侧更是大大延伸与坐骨平行，伸向肠骨前下方。因此，骨盆从侧面看是四射型；蜥臀目的腰带从侧面看是三射型，耻骨在肠骨下方向前延伸，坐骨则向后延伸，这样的结构与蜥蜴相似。不论是鸟臀目还是蜥臀目，它们的腰带在肠骨、坐骨、耻骨之间都有一个小孔，这个孔在其他种类的爬行动物中是不会出现的。因为这个孔的出现，与所有其他各个目的爬行动物相比，恐龙的这两个目之间有着最近的亲缘关系。

蜥臀目分为蜥脚类和兽脚类。蜥脚类又可以分为原蜥脚类和蜥脚形类。蜥脚形类主要生活在侏罗纪和白垩纪，而且它们大都是巨型的素食恐龙。它们的特征是头小，脖子长，尾巴长，牙齿成小匙状。蜥脚亚目的著名代表有发现于我国四川、甘肃晚侏罗纪的马门溪龙，由19节颈椎组成的脖子长度相当于体长的一半。原蜥脚类主要生活在晚三叠纪到早侏罗纪，是素食性的中等大小恐龙。

兽脚类多生活在晚三叠纪至白垩纪，而且大都是肉食龙，两足行走，趾端长有锐利的爪子，头部很发达，嘴里长着像匕首或小刀一样锋利的利齿。最著名的代表是霸王龙。

始盗龙

在目前已发现的诸多恐龙中，始盗龙是最原始的一种。1993年，始盗龙化石被发现于南美洲阿根廷西北部一处极其荒芜之地——伊斯巨拉斯托盆地，该地属于三叠纪地层。

鸟臀目分为 5 大类：剑龙类、鸟脚类、甲龙类，肿头龙类和角龙类。

剑龙类，采用四足行走并且背部有直立的骨板，尾部有骨质刺棒两对，剑龙类主要生活在侏罗纪到早白垩纪，它是恐龙种群中最先灭亡的一个大类。

鸟脚类是鸟臀类中乃至整个恐龙大类中化石发掘最多的一个类群。它们采用两足或者四足行走，牙齿生长在颊部，上颌牙齿齿冠向内弯曲，下颌骨有单独的前齿骨，下颌牙齿齿冠向外弯曲。它们大都生活在晚三叠纪至白垩纪，全都属于草食恐龙。

甲龙类的恐龙大都体形低矮粗壮，最明显的特征是全身覆盖着骨质甲板，以植物为食，大多生活于白垩纪。

肿头龙类主要生活在白垩纪。主要特点是颞孔封闭，头骨肿厚，骨盘中耻骨被坐骨排挤，不参与组成腰带。

角龙类，是四足行走的草食恐龙。头骨后部扩大成颈盾，多数生活在白垩纪晚期，中国北方发现的鹦鹉嘴龙即属角龙类的祖先类型。

马门溪龙

马门溪龙是中国发现的最大的蜥脚类恐龙，因模式种发现于中国四川宜宾马门溪而得名。此属动物全长 22 米，估躯高将近 4 米。它的颈特别长，相当于躯长的一半，不仅构成颈的每一节颈椎长，且颈椎数亦多达 19 个，是蜥脚类中最多的一种。

你知道吗？

在恐龙家族里，兽脚类可算是恐龙中的大"家族"，生活在晚三叠世至白垩世，著名的始盗龙、异特龙、暴龙、窃蛋龙都是这个大家族的成员。它们两足行走，趾端长有锐利的爪子，嘴里多长有利齿。目前，绝大多数古生物学家都相信，鸟类起源于兽脚类恐龙。

似鸟龙

似鸟龙是兽脚类恐龙中的一支，正如其名，似鸟龙类恐龙与大型鸟类，如鸵鸟、鹈鹕，在形态上相当接近，只是它还保留着长长的尾巴。它们的头部较小，其中多数种类上下颌无齿，有一双大大的眼睛，所以视野开阔，有良好的视力。

恐龙的牙齿

鸭嘴龙的牙部化石

　　鸭嘴龙科恐龙在每一侧的下颌骨上长有数百颗牙齿。这些牙齿通过骨组织牢固地连在一起而形成搓板状的切磨面，用来切碎由嘴前部的角质喙咬取到的食物。

　　恐龙的牙齿，数霸王龙的最为可怕。在它的大嘴巴里，参差不齐地长着很多巨大的、像匕首一样锋利的牙齿。在发现的一个136厘米的霸王龙头颅化石中，最大的牙齿长14.2厘米。

　　几乎所有嗜杀成性的大型肉食恐龙，都长有这样锋利的牙齿。专家经过仔细对比，发现大型肉食恐龙的牙齿形状几乎都是一个样，只是有的大有的小而已。专家称它为"同型齿"。

　　植食恐龙也长着同型齿，但和肉食恐龙的牙齿不一样。它们的牙齿有如叶片形状的、有如勺子形状的，也有如钉棒形状的。

　　鸭嘴龙的牙齿最为奇特，多达2000余颗。叶状的牙就像锉刀一样，一个挨一个，密密麻麻地排成数行。大概鸭嘴龙吃的植物比较粗糙，所以才长出这样怪的牙齿。

　　恐龙大都是同型齿。这种牙有缺点，功能不够齐全，在压碎、切割或撕咬食物方面很管用，但却不能咀嚼食物。因此恐龙吃东西是"囫囵吞枣"式的吃法。

更加神奇的是，恐龙一生要换好几次牙，"喜新厌旧"，等老牙磨光了，新牙就长出来接班。所以恐龙不用担心年纪大的时候咬不动食物。

哺乳动物的牙齿与恐龙的正好相反，是异型齿。它们的牙齿已分化成颊齿、犬齿和门齿，各有不同的功能。颊齿专门负责咀嚼，对食物进行精加工，食物被嚼碎后再吞下肚去，食物中的丰富营养就能更好地被身体所吸收；犬齿主管攻击、自卫、扑杀和撕咬猎物；门齿主管切割食物。

你知道吗？

有的恐龙嘴里一颗牙也没长。例如，似鸟龙就是不长牙的恐龙；与恐龙血缘密切的鸟类也没有牙。其实它们原来都是长有牙的，只是后来退化了。不过，这些无牙的恐龙都长有鸟那样的角质喙以及特殊的消化器官，这就是牙蜕化的秘密。

霸王龙头颅化石

霸王龙前端的牙齿适于抓牢猎物、向内撕扯；两侧的齿列则能穿透猎物，并起到切割的作用；生长在最深处的牙齿不仅能将食物切成小块，还能把"加工"好的肉块送入喉咙。

狮子的犬齿

哺乳动物中吃肉的猛兽的犬齿特别发达，如虎、豹、狗、狼等；吃植物的哺乳动物的犬齿一般都退化了，有的变成了门齿状，有的干脆消失不见了。

恐龙的皮肤

甲龙的甲板

甲龙的皮肤最有趣，它身披坚硬的甲板。甲板上常长有大的瘤或刺一样的突起，活像古代武士的铠甲。

由于地质原因，恐龙的皮肤很难保存下来。从发现的少量皮肤印膜化石来看，大多数恐龙具有与现生爬行动物相似的皮肤：角质突起或粗糙坚韧的鳞甲。

角龙的皮肤有成排的、大而呈纽扣状的小瘤，从颈部一直排列到尾部。鸭嘴龙的皮肤上布有多边形的角质突起或小瘤，这种突起在体表各处的大小不同。霸王龙等肉食恐龙皮肤很粗糙，上面长有一排排高出表面的大鳞片。梁龙、雷龙、马门溪龙等蜥脚类恐龙的皮肤与蜥蜴近似，有比较粗糙的、颗粒状的鳞片，但比霸王龙平坦。

　　一些专家推测，较进步的肉食龙，如窄爪龙，皮肤上可能会覆盖有毛发之类的东西；有的甚至可能长有像鸟类那样的羽毛，这很有可能是始祖鸟的祖先类型。

　　研究恐龙皮肤的结构还有皮肤印膜化石做参考，可皮肤的颜色就很难找到化石依据了。许多学者认为恐龙是色彩斑斓的动物，并具有伪装色。有些恐龙把颜色作为炫耀自己的"本钱"，特别在配偶面前，更是不遗余力地展示自己漂亮的色彩；有些恐龙则以颜色互相辨认。因为现生的很多爬行动物都是这样的，恐龙会不会也是这样的呢？科学家推测，恐龙皮肤的颜色可以起到调节体温的作用，有的恐龙皮肤也许还会变色呢！

剑龙的皮肤

　　剑龙的皮肤上有细小的鳞片，与现生的蛇和蜥蜴差不多。

角龙的皮肤

　　角龙的皮肤有成排的、大而呈纽扣状的小瘤，从颈部一直排列到尾部。

你知道吗？

　　以往，在很多书上，恐龙的皮肤被画成单调的泥棕色、浅灰色或草绿色，这大概是受到哺乳动物皮肤颜色的影响。哺乳动物大都是色盲，因而皮肤颜色比较灰暗。而爬行动物的"外套"，大都有亮丽的颜色。

恐龙的脚印

恐龙足迹化石

恐龙有三趾的和四趾的，相对的，恐龙脚印也是三趾的和四趾的，甚至还出现过趾间有蹼的脚印。

恐龙的脚印是可以保存下来的，人们很早就发现了脚印化石，但真正开始研究却是很晚的事了。

1802年，一位美国青年在康涅狄格峡谷附近的红色砂岩中，发现了许多恐龙脚印化石，由于当时还没有重视恐龙脚印化石，就被误认为鸟爪的化石；更离奇的是有人把它当作诺亚的渡鸟的脚印，把《圣经》里的故事强加到恐龙脚印上。

中国云南省晋宁县夕阳彝族自治乡的彝胞有个习俗，当埋葬死去的亲人时，送葬的队伍必须抬着棺材沿着一行"金鸡爪"的方向走向墓地。后来经过专家研究发现所谓的"金鸡爪"，原来是一行恐龙的脚印化石。

恐龙的脚印有四趾的和三趾的，还有趾间有蹼的脚印。三趾脚印看上去很像鸡或鸟的爪印；有些脚印与大象的脚印相似。三趾脚印有些是肉食的兽脚类恐龙留下的，有些是植食的鸟脚龙留下的，大象似的脚印很有可能属于蜥脚类恐龙的。

通过脚印的排列特点，专家发现这些恐龙有四足行走的，也有两足行走的。恐龙的化石脚印大小不一，相差悬殊。大的脚印长可达40～50厘米，小的脚印不到10厘米。

恐龙的脚印

相信很多人都想知道恐龙脚印是怎样保存下来的。

你知道吗

1982 年在韩国庆尚南道一带海岸边，发现了数百个大大小小的恐龙化石脚印，其中最大的长 120 厘米，宽 64 厘米，有普通办公桌面那样大，是目前世界上发现的最大的恐龙化石脚印。这些特大的脚印是巨型恐龙——腕龙留下的。从脚印大小推断，腕龙体长 30～35 米，重 70～100 吨！

疑似恐龙脚印

恐龙脚印是恐龙在温度、黏度、颗粒度非常适中的地表行走时留下的足迹。它是化石的一种，也可以看成是留在岩层中的一种沉积构造。动物在一生中要走许许多多的路，如果每一步的脚印都能保存下来，的确相当多。

恐龙的体重

生活在河边的恐龙

大多数草食性恐龙都有着庞大的身躯。

在很多恐龙的科普读物上，各类恐龙都写有体重。这体重并非实测，而是专家依据恐龙骨架的大小估算出来的。这种估测恐龙体重的方法很明显是不准确的，只有参考价值。专家经过多年研究找到一个办法，可以比较准确地测量出恐龙的体重。

首先是塑出被测恐龙的模型。可用橡皮泥将恐龙的形体捏出来，当然模型要比真实恐龙小得多。模型做成后，要算出它是恐龙的实际大小的几分之一。

其次是测量模型恐龙的体积。将模型放入一个木箱内，然后往箱内倒入细沙。当恐龙被完全掩盖后，将沙面刮平，用笔在箱壁上画出沙面的高度。接着把模型从箱内取出，然后又将沙面刮平，在箱壁上用笔画出沙面的第二个高度。通过这种方法就可以算出恐龙的体积。

再次计算恐龙的实际体积。模型的体积与倍数相乘就可以得出恐龙的实际体积了。

最后是计算恐龙的体重。恐龙的体积已经有了，现在就缺恐龙的比重了，知道了比重，再乘以体积，恐龙的体重就算出来了。最关键的问题是恐龙早已灭绝，谁也不知道恐龙的比重有多大，只能依据现有数据推算。

专家指出，用这个方法测出的恐龙体重，比原先估计的体重都要小许多。

博物馆里合川马门溪龙

　　合川马门溪龙，原先估计有 40 多吨，现在用这种方法一测还不到 25 吨。

你知道吗？

　　当今世界上活着的爬行动物中，只有鳄类与恐龙比较接近，而且与恐龙沾亲带故。在没有办法的情况下，只有借用鳄类的比重代替恐龙的比重。这样，恐龙的体重就测出来了。虽说不一定十分精确，但比盲目估计要接近实际多了。

暴龙绘画图

　　暴龙虽是凶猛的猎杀者，但是与梁龙相比，体重还是太轻了。

恐龙的体型、寿命

恐龙的体型各不相同，大型恐龙可以超过30米，小的只有鸡那么大。各类恐龙的生活方式、寿命和生长率，也会有很大差异。

恐龙的寿命究竟有多长，专家也没有准确的答案。通过观察某些骨骼化石，可以看到这些动物活着时曾经受过损伤，诸如断骨或粘连的关节。如果骨头看上去曾经受过磨损和撕裂，就可以断定这是一只年迈的恐龙。有些大骨头会长年轮，就像树干的年轮一样，每个轮要一年时间才能长出来。

通过研究恐龙的生长年轮，专家发现某些大型的长颈素食恐龙可以活到100岁。冷血动物活得比温血动物长些。如果可以确认长颈素食恐龙属于冷血动物的话，它们甚至可以活到200岁甚至更长久。

幼年原角龙

原角龙从卵中孵化出来到成年所需时间是26～38年。

公园里的恐龙

许多恐龙是死于事故，老年恐龙、幼年恐龙和病残恐龙是肉食龙的主要捕食对象。因此120岁并不是恐龙高寿的年龄。

由于技术的限制，很难从化石中推算出恐龙生长的速度。通过对蒙大拿慈母龙巢的研究发现，这些两脚素食恐龙在孵出来时仅约 30 厘米长，但在父母喂饲一年后，它们就可以长到 4.5 米，如果发育得快就可以离巢了。3 年之后，它们就进入成年阶段，体长可以达到 9 米。

动物寿命的长短，通常与它们的生长模式有关。非限定生长的动物比限定生长的动物的寿命长。如果把现生动物的非限定生长模式用于对恐龙的研究，一些种群的恐龙从卵中孵化出来到成年所需时间分别是：巨型蜥脚类，如腕龙，需要百年的时间；中等大小的蜥脚类恐龙需要 82 ～ 118 年，原角龙大约需要 26 ～ 38 年。如果成年后的恐龙能活上同样长的时间的话，腕龙就可以活 300 岁左右。

你知道吗？

在现生动物中，爬行动物的寿命较长，尤其是龟，能活 200 岁以上（据报道，我国发现了 2000 ～ 3000 岁的龟）。鸟类也在高寿之列。相反，哺乳动物还都相形见绌，其寿命相对较短。一些科学家在研究了恐龙骨骼的生长环后发现，这些恐龙死亡时的年龄为 120 岁左右。

恐龙的寿命

排除非正常死亡的因素，恐龙活到 100 ～ 200 岁应不成问题。它们是除龟以外，寿命最长的动物。

恐龙的行走方式

恐龙属于爬行动物，爬行动物运动姿态的最大特征就是爬行。就像现代的蜥蜴那样，肚皮贴着地面，四肢由躯体下方向外伸出，在地面上匍匐前进。这种爬行方式，速度慢而且特别消耗体力。从前，人们一直认为恐龙也像现代的爬行动物那样在地上爬来爬去。随着恐龙化石的不断被发掘，人们对恐龙有了新的认知。恐龙有自己独特的行走方式，与现代的爬行动物有很大的区别。

如果恐龙只能在地上爬来爬去，那么它是否能在地球上耀武扬威达 1.5 亿年之久，就很值得怀疑。恐龙能成为中生代的统治者，其运动姿态发挥了关键的作用。

有些恐龙是可以站立行走的，这从它们肢带骨的关节构造上可以找到凭证，而最有力的证据就是恐龙足印化石了。专家对发现于美国得克萨斯州的完整的雷龙足迹化石进行了测算，证实雷龙前后脚的步距达到3.6米，但是左、右脚的间距只有1.8米（相当于雷龙身躯的宽度），这就证明了雷龙是站立行走的，否则，左、右脚的间距就会更大些。

对于四足行走的恐龙，运动姿态大致与大象、牛、马相似。两足行走的恐龙则与鸵鸟等鸟类走路比较相似。

两足行走的霸王龙

霸王龙用两足行走，科学家们仍不清楚霸王龙是动作迟缓的食腐动物还是动作敏捷的掠食性动物。

蜥脚类恐龙

蜥脚类恐龙行走的速度比较慢，时速不超过6.5千米。

鸵鸟

后肢粗大，只有两趾，与一般鸟类有三至四趾不同，鸵鸟是鸟类中趾数最少者，内趾较大，具有坚硬的爪，外趾则无爪。后肢强而有力，除用于疾跑外，还可向前踢，用以攻击。

进食中的虚骨龙

虚骨龙奔跑起来时速可达80千米。

它们的四肢（或两肢）在运动时与地面垂直，而且收拢在身躯下方。这是一种类似于人类的"走"，而并非"爬"的姿势。

近年来，科学家对恐龙的行走速度和奔跑速度进行了深入研究。虽然研究结果有很多不同，但从中还是可以看出一些眉目来。

四足行走的蜥脚类恐龙走路的速度相对比较慢，每小时不超过 6.5 千米。四足行走的甲龙走路稍快，每小时 6 ~ 8 千米，可见甲龙类的腿脚比蜥脚类灵活。

在恐龙中，跑得比较快的就属鸭嘴龙了。两足行走的鸭嘴龙每小时可以走 18.5 千米，如果遇到敌人，它能跑得像马一样快，快速脱离危险区。四足行走的角龙是跑得最快的植食龙，它的爆发力惊人，能在短时间里以 32 ~ 48 千米的时速冲刺，就算遇到霸王龙，也可以轻松地脱离危险。对于肉食龙来说，爆发力就显得比较重要了。肉食龙的短途冲刺能力比较强，时速可以达到 40 千米。

🔍 **蜥蜴**

蜥蜴属于冷血爬虫类，和它出现在三叠纪时期的早期爬虫类祖先很相似。多数蜥蜴具四足，后肢肌肉有力，能迅速奔跑及迅速改变跑动方向，有几科蜥蜴身体延长，四肢缩短，乃至无肢体。

你知道吗？

两脚行走的虚骨龙类，身轻腿长，是恐龙中的"飞毛腿"，它们快跑时，时速能达 80 千米，为了捕捉猎物，没有这点基本功就得饿肚皮。

🔍 **剑龙**

前脚有 5 个脚趾
后脚有 3 个脚趾

恐龙的视力

窄爪龙的眼睛

窄爪龙的眼睛很大，而且靠前，就像现在的鸵鸟一样。据科学家推测，一些肉食龙可能具有夜视的能力。

夜猴

夜猴为世界上唯一一昼伏夜出的高等灵长目动物，生活在南美洲热带雨林，彼此主要通过叫声来沟通。其眼睛聚光能力很强，夜间能准确地捕捉到飞行中的昆虫。

判断动物视力的好坏，一般有两个标准，一是眼睛的大小，二是两眼的位置。通常来说，眼睛小的动物视力差，眼睛大的动物视力好。在现生动物中，动物的眼睛各不相同，当然视力就会有所差别。

猿猴、猛兽、猛禽的眼都较大。夜猴的眼更是大得出奇，漆黑的夜晚也能看清周围的东西。草食性动物比如牛、马等动物，眼睛适中，视力也不错。老鼠的眼很小，属于近视眼，这就是人们常说的"鼠目寸光"。蛇、蜥蜴的眼

霸王龙

霸王龙的眼睛大，而且位置靠前，可以同时聚焦在一个物体上，而且看到的东西还是立体的，判断猎物的距离特别精确。这是因为霸王龙的捕猎生活而演变的。

你知道吗？

恐龙头骨化石上眼眶的大小，多少可以反映其眼睛的大小。一般说来，眼眶越大，眼睛也就越大，视力相应地也就越好。另外，眼睛生长的位置对视力好坏也有影响，位于头骨前面的眼睛，其视力要比位于头骨两侧的好，而且，两眼之间的距离越宽，对外界物体位置的分辨就越准确。

也不大，视力比较差。但它们都拥有其他的信息器官，来捕捉猎物的信息。动物两眼的位置决定着测定距离的精度和视野的广度。在这方面，草食性动物和肉食性动物是有差异的。牛、马属于草食性动物，眼睛长在脸的两侧，双眼距离比较大。这种眼睛，使它们的视野很广阔，可以及时发现敌情，迅速脱离危险。

根据现有的知识以及人们发现的恐龙化石，专家认为身躯庞大的蜥脚类恐龙，视力可能比较差；剑龙和甲龙的视力更差劲，它们可能是恐龙公园里的"近视眼"。

肉食龙的视力相对比较好一些。以霸王龙为例，霸王龙的两眼不仅大，而且位置靠前，就像双筒望远镜，两眼可以同时聚焦在一个物体上，看到的东西是立体的，判断距离也特别精确。这是为适应霸王龙的猎食需求而不断进化出来的。

除此之外，肉食龙中，恐爪龙、窄爪龙和鸸鹋龙的视力最好。它们的眼睛更大，位置更靠前，像现在的鸵鸟一样，可以精确定位猎物的位置。甚至有专家推测，某些肉食龙很有可能具有夜视的能力！

恐龙的蛋

长形恐龙蛋

恐龙蛋的形状比较多样，有卵圆、扁圆、椭圆和橄榄状的，少数恐龙蛋长溜溜的。

在中国发现的恐龙蛋

中国是世界上恐龙蛋化石埋藏最丰富的国家之一。

原角龙

原角龙守护着自己的幼崽。

现生的爬行动物都是产卵的，先前人们推测恐龙也是这样的。后来当人们发现恐龙蛋化石时，就更加确定了。20世纪20年代，一支美国探险队到蒙古寻找恐龙化石时，不仅找到了恐龙的遗骨，还找到了它们留下的巢和巢里的蛋。这些恐龙都属于同一种小型的角龙——原角龙。它们的体型就像现代的羊一样。

发现的恐龙蛋是鹅卵形的，大约长15厘米，宽7.5厘米，多达30枚，蛋尖向内，在巢中呈螺旋状排列。巢位于沙中的一个洼处，可以看出原角龙生活在一个多沙的地方。似乎有很多雌龙在同一个巢中产卵。更意想不到的是在其中一个巢中，还找到了一只吃蛋恐龙——偷蛋龙的化石骨骼。倒霉的偷蛋龙没偷到蛋，自己却被沙暴压死了。

后来，很多其他种类恐龙的蛋相继被发现。现今发掘的最大的恐龙蛋是在法国发现的一种长颈素食恐龙高——脊龙的蛋。令人惊奇的是这些蛋并非产在巢内，而是一对对排成一行，就像是恐龙妈妈在走路时产下的。这些蛋直径大约25厘米，比驼鸟蛋稍微大一点。不过，当恐龙成年后，体型就是驼鸟的好几倍了。为什么恐龙蛋不是很大？专家解释说，一枚像鸟蛋似的硬壳蛋，如果没有足够厚的外壳支撑，就不会很大，但是如果外壳过厚，幼龙就很难破壳而出。这就是恐龙蛋不是很大的原因。

从发掘的恐龙蛋化石人们了解到，恐龙蛋的形态各异、形形色色，有卵圆、椭圆、扁圆和橄榄状的，少数恐龙蛋长溜溜的，就好像玉米棒子。恐龙蛋的直径一般多在 10～15 厘米。在中国河南西峡县出土的恐龙蛋化石，长径达 30 厘米，短径 12 厘米，这在中国是很罕见的。在法国发现的恐龙蛋长径 30.48 厘米，短直径 25.4 厘米，大小跟篮球差不多，这是当前世界上最大的恐龙蛋化石。

恐龙蛋属羊膜卵，现生的爬行动物以及鸡鸭等产的蛋也是羊膜卵。羊膜卵的外面包有一层既耐干燥又坚固的钙质外壳，壳上有许多小气孔，这些气孔是供胚胎发育时呼吸空气用的"窗口"，可以使氧气进来和二氧化碳排出。恐龙蛋壳厚 2～7 毫米，可以说是世界上最厚的蛋壳。在蛋壳的里面，有一个被羊膜包裹的羊膜囊，其中充满了羊水，胚胎沉浸在羊水中。另外还有一个囊，是存放排泄物用的。蛋壳里含有一个大卵黄，为胚胎供应养料。

羊膜卵对于脊椎动物来说有着非同一般的意义，这是脊椎动物进化史上的重大突破，为脊椎动物在陆地上繁殖后代创造了必需的条件。

目前世界各地发现的恐龙蛋大约有数千枚之多，但遗憾的是大多数恐龙蛋目前还无法鉴别，不知是属于哪类恐龙。到目前为止，发现的恐龙蛋化石都是素食恐龙生的，肉食性恐龙的蛋则很少被发现。但也有报道说，不久前已在美国找到了跃龙蛋的化石。

圆形恐龙蛋

恐龙所产的蛋而形成的化石。蛋形各异，大小不同。蛋有硬壳，成分为方解石质。蛋壳表面有的具纹饰，有的光滑。

你知道吗？

恐龙蛋是恐龙产下的蛋卵，通过受精孵化产生新的一代。是非常珍贵的古生物化石，最早于 1869 年在法国南部普罗旺斯的白垩纪地层中发现的。

鹦鹉嘴龙模型图

恐龙和现代爬行动物及鸟类一样，也会生下带硬壳的蛋。某些蛋化石里甚至发现了未孵化的小恐龙骨架！小恐龙和小鸟一样，会本能地待在巢里，无论它们的父母发生什么事都不离开。

恐龙的孵蛋方式

长形恐龙蛋

一些恐龙能够每天或隔几天就产下一枚或两枚恐龙蛋，比如：奔山龙每次可以产两枚蛋，一窝恐龙蛋的总数会达到30枚。

恐龙的孵蛋方式是怎样的？美国科学家研究发现，恐龙像鸵鸟与鸽子一样，采用坐窝孵蛋的方式孵出后代，这是恐龙研究领域的一项重大发现。这证实了科学家关于恐龙孵蛋方式的推测，对人类认知恐龙有重大的意义。

美国纽约自然历史博物馆的研究人员发表报告说，他们与蒙古科学家组成的考古队有了重大发现。在戈壁大沙漠中，他们发现了一处保存异常完好的恐龙化石。这是生活在8000万～7000万年前的一种肉食性恐龙的化石，从化石上我们可以清楚地看到，这只恐龙死前正在孵蛋。它坐在窝上，窝内有15枚恐龙蛋，它的前爪叉开并伸向后方，腿微微弯曲，就好像在保护自己的卵。这种场面，与今天的鸵鸟和鸽子、母鸡孵蛋的形式一模一样。从化石的外形上看，这只恐龙很像今天的鸵鸟，但是与鸵鸟不同的是它的尾巴较长而脖子比较短。

美蒙联合考察队成员、纽约自然历史博物馆鸟类学部研究员路易斯·查蓬指出，对鸟类化石及新发现的恐龙化石进行分析对比并参照已有的文献及解剖图可以看出，恐龙和鸟类确实有很多相同的地方。这次发现的化石第一次证实恐龙与鸟在行为上有着共同点，其中最主要的一点是它们都是自己孵蛋育出后代。

从1990以来，纽约自然历史博物馆与蒙古科学院组成的古生物考察队就一直在戈壁沙漠里从事考古发掘。他们是在一处名为乌哈－托尔戈特的地方发现这一极其珍贵的恐龙化石的，现在该地区已被列为恐龙化石保护区。

你知道吗？

据美国生活科学网报道，目前，一项最新研究显示，在凶残充满嗜血的恐龙世界里，雄性恐龙却表现出更多的"母性"，它们会护理孵化恐龙蛋，而且很可能不止护理一个雌性恐龙产的恐龙蛋。

正在孵蛋的鸵鸟

专家研究发现恐龙会像鸵鸟与鸽子一样，采用坐窝孵蛋的方式孵出后代。

保护巢穴的雄恐龙

恐龙爸爸保护恐龙巢，避免食腐性掠食动物的攻击，在雌性恐龙外出觅食时，雄性担当着"母亲"的责任让恐龙蛋保持足够的温度。

恐龙与胃石

这只恐龙肚里堆满了胃石

胃石有助于动物消化，胃石不易磨碎，保存概率较大。

在多年以前，美国的中亚科学考察队，曾在中国内蒙古和蒙古人民共和国交界地带发掘出大量恐龙化石。

在这些发掘的恐龙化石里，科学家有了意外收获。在发掘出的一具素食恐龙骨架的胃部，意外地发现了112颗小石子，这些小石子已被高度磨光了。

从化石可以看出，这些小石子是这条恐龙活着的时候被吞进胃里去的。石子长时间呆在胃里，并随着胃的蠕动与食物一起反复搅拌，渐渐地石子就被磨光了。很明显，恐龙胃里的石子是恐龙特意吃进去的。由于恐龙牙齿的特殊性，恐龙没有咀嚼食物的臼齿，食物未嚼碎就吞进肚里去了，石子可以帮助恐龙有效地消化食物。

古生物学家称这些石子为"胃石"。胃石经常在埋藏恐龙骨骼化石的地层中发现。已经有很多恐龙胃石被发现了。例如，在美国蒙大拿州富含恐龙化石的白垩纪早期的地层中，就发现了上千块这样的胃石。

在现代的地球上也有动物吃石子。鸡就是最明显的例子，鸡就常常吞食一些砂石，而鳄鱼吃石子更是家常便饭。这些石子可以有效地帮助胃来消化食物。

恐龙胃石也是研究恐龙的重要依据。胃石是恐龙留下的档案材料之一。胃石由于坚硬不易磨碎或风化，保存为化石的机会比骨骼多。在恐龙发掘中，只要发现了胃石，就算没有其他骨骼化石被发现，也能证实恐龙曾在这儿生活过。

胃石化石

胃石是外来之物，但实际上却是恐龙消化器官的一个重要组成部分，是不可缺少的东西。

你知道吗

在美国西部几个州的侏罗纪地层中，就经常发现磨得很光滑的石头，它们也常被鉴定为胃石。其实，这些圆石块也可能是由风力或水力的作用磨光的。所以鉴定胃石最可靠的方法，是看磨光的石块是不是与恐龙骨骼一起发现的。

不同形状的胃石化石

胃石是因进食某种物质后在胃内形成的石性团块状物。形状多为圆形或椭圆形，大小不一，小的直径几厘米，大的近10厘米。

恐龙沟通的方式

恐龙头部化石

一些恐龙头部化石表明恐龙有很好的听力。

　　动物界有自己的沟通方式。它们不会使用语言和文字，但能用它们特有的方式彼此沟通。它们有的用气味来沟通，像臭鼬分泌出一种有臭味的液体来彼此交流；有的用视觉信号表达，像孔雀使用它的尾巴，或蜥蜴使用它们颜色鲜明的喉盖。恐龙能否用这样的方法沟通无法考证，但有些恐龙有非常大的鼻子，相信它们有很好的嗅觉，通过辨别气味来彼此沟通。远距离沟通最好的办法是利用声音。如果你在夜里听见猫叫或一只看门狗吠，你就知道声音是能多么有效地传送信息了。狼是最典型的例子，狼是成群出动猎食的，它们互相嗥叫，这样每一只狼就知道其他狼的位置了。

　　恐龙会不会发出叫声，目前还无法确

定。大多数动物的声音是由喉咙、声带和肺部发出的，这些都属于软组织，无法保存下来。不过，通过研究多种不同的恐龙脑颅，显示恐龙有很好的听觉。在两脚素食的冠顶龙的头骨里，曾发现仍然完整无缺的精细的耳骨。这表明，冠顶龙至少有很好的听力。

蜥蜴的颜色

有些蜥蜴通过身体颜色的改变来表达自己的意思。

嗥叫中的狼

狼通过嗥叫来彼此传递信息。

你知道吗？

埃雷拉龙是最古老的恐龙之一。黑瑞龙的骨骼细而轻巧，这使它成为敏捷的猎手。黑瑞龙耳朵里的听小骨显示，这种恐龙可能具有敏锐的听觉。

恐龙的群体生活

现生的斑马

恐龙会像斑马一样过着群居生活吗？

一般的草食性动物都是群居生活。群体生活有不少好处，最主要的优点就是安全。如果是一个族群在一起，敌人在攻击之前就要三思而后行。即使群体遭遇袭击，逃跑的概率还是很大的。正是因为这样，恐龙可能也是成群行动的。

专家发现大型的长颈素食恐龙就过着群体生活。在美国的得克萨斯，发现了这些恐龙行动时留下的化石足迹。从化石中可以看出细小和幼年恐龙的脚印是在恐龙群的中间，两边则是成年恐龙。任何掠食者想要抓到没有防御能力的小恐龙，首先就要通过成年恐龙的防线。

角龙也有可能是群体生活。常常可以发现他们的骨头经常堆在一起，而且数量众多。这足以证明这一点了。

研究还发现并不只有素食恐龙才会成群结队过日子，有些中型的肉食恐龙也这样。像狼般大的恐爪龙很有可能是成群出击狩猎的。在蒙大拿的一个岩层里，曾发现很多恐爪龙骨骼和一只两脚素食恐龙腱龙的骨头堆积在一起。可以想象出这群肉食恐龙正围着那只素食恐龙准备大饱口福时，突然全部被杀死，很有可能是被雷电击毙的。这种攻击，首先由一只猎食恐龙攻击猎食对象的头，其他的同伴则伺机出动，看准时机用它们的利爪撕开猎物的肚皮肌肉。

你知道吗？

残酷的自然界历来奉行适者生存的法则，有些种群的动物因此选择了群居生活的方式。它们共同觅食、防御外敌并繁育后代。它们互惠互助，宛如相亲相爱的"一家人"。这种在长期的自然选择过程中所保留下来的特征，对于整个族群的发展和繁衍有重要的意义。

喝水的恐龙群

群居生活在一定程度上保障了彼此的安全。

群体生活的恐龙

大多数素食恐龙都是群体生活。

恐龙的脑量商

恐龙的智商高吗？在人们的印象中恐龙都是傻乎乎的，如马门溪龙、甲龙、梁龙、剑龙、雷龙等，身躯大，脑袋小。

古生物学家习惯用计算"脑量商"的办法来推测恐龙的智力水平。"脑量商"是有一定的科学依据的，它是根据恐龙的脑量、体重及现生爬行动物的脑量大小按一定公式算出来的。恐龙脑量商越大，这就表明它越聪明；脑量商越小，这就表明它越蠢笨。

经测量，大型肉食性龙——霸王龙和它的同类，脑量商高达 1 ~ 2，这表明在智商方面，肉食动物比植食动物有天生的优势。霸王龙靠猎食为生，如果智商低下呆头呆脑，那它就要饿肚皮了！

在素食恐龙中，最有智慧的当属鸭嘴龙。它的脑量商为 0.85 ~ 1.50。鸭嘴龙虽没有什么犀利的武器，但它拥有灵敏的嗅觉，超强的视力，能及早发现危险并迅速躲避。鸭嘴龙靠自己的"小聪明"，在霸王龙统治的年代里，可以一代一代繁衍下去。

甲龙和剑龙的脑量商为 0.52 ~ 0.56，这只能算是中等智商。它们虽说不上有多聪明，但却不像蜥脚类恐龙那样蠢笨低能。当敌人来犯时，尾巴上的骨刺和尾锤能给

树林中的窄爪龙

窄爪龙的脑量商比恐爪龙还高。窄爪龙虽然个子较小，但在恐龙家族中却是智力超群的角色。

敌人造成很大的威胁。马门溪龙等蜥脚类恐龙的脑量商最低，只有 0.2 ~ 0.35。由于体型庞大，看上去就像"傻大个"。它们行动缓慢、笨手笨脚、灵活性相当差。当敌人来临时，它们或躲进深水之中逃命，或依仗自己庞大的体型，与敌人周旋。

恐爪龙模型图

恐爪龙脑量商超过 5，是恐龙公园中智力比较高的种群。

长脖子的马门溪龙

马门溪龙的智商比较低，而且行动缓慢，当遇到危险时，往往靠庞大的体型震慑猎食者。

你知道吗？

恐龙的智力各不相同，由脑量的大小决定。它们中有比较呆傻的，也有比较聪明的。在中生代的地球上，它们都有自己的位置，各按自己的生活方式生活，不管是呆傻的还是聪明的，日子都过得挺不错。

恐龙的生活习性

角马的迁徙

角马的迁徙被认为是世界上最壮观的动物迁徙。

奥沙拉龙手绘图

奥沙拉龙一般只使用最前排的牙齿，后面两排正在发育的牙齿可替换前面磨损或掉落的牙齿，这种现象在鲨鱼和某些爬行动物中很常见，但在兽脚类恐龙中还是头一次。

天宇龙

天宇龙属于畸齿龙科，是群小型、原始鸟臀目恐龙，具有修长的身体、长尾巴以及一对犬齿形牙齿，它们可能是草食性或杂食性动物。

在大多数人的认知里恐龙都是一些可怕的肉食动物，长着一副凶残的面孔。其实，许多恐龙是温和的草食性动物，它们穿梭在树丛间，撕扯树梢的叶子吃。还有些恐龙和人类一样，属于既吃肉又吃素的杂食性动物。

肉食性恐龙的食物比较多样，它们不仅吃恐龙，任何能动的东西，如昆虫和鸟类，都是它们猎食的对象。

从恐龙化石中，就可以得知许多恐龙生前的食性。要判断恐龙的食性，主要是通过观察恐龙下颚骨及牙齿的形状和排列顺序。

此外，通过观察完整的恐龙骨架也可以判断出恐龙的食性，如肉食性恐龙通常具有大的头部、短而有力的颈，以便把猎物的肉撕扯下来吃。而大多数草食性恐龙则长着长长的脖颈，以方便它们取食高处的嫩叶。另外，通过恐龙的足迹化石也可以了解到恐龙的习性。耶鲁大学的理查德·斯旺·卢尔曾经说过："足迹是活的生物化石，而所有其他发现物是已死的生物化石。"所以足迹经常被用来研究恐龙的行为。

英国人R·其麦克尼尔·亚历山大通过分析这些足迹，总结出了一些方程式，从恐龙步子的长度以及其髋部假定的高度就可以估计其行进的速度。

捕食中的暴龙

　　毫无疑问，暴龙是有史以来体型最大的陆地肉食性动物，体重达 5~7 吨，身长可能达到 15 米，这样的庞然大物，好像是专为袭击其他恐龙而设计的。

　　美国印第安纳大学吉姆·法洛在一条干涸的河床内发现了速度最快的恐龙的化石。这是一只兽脚类恐龙，通过计算，它的奔跑速度可达每小时 40 千米。

　　美国自然历史博物馆的 R．T·伯德在得克萨斯州发现的足迹清楚地表明，一只跃龙正在追赶一只落荒而逃的雷龙。通过多个恐龙留下的足迹则证明了一些恐龙曾经过着群居生活。在英属哥伦比亚坎宁的皮斯河峡谷，发现了 6 串呈同一方向排列的肉食性恐龙足迹，这些迹象表明，它们正在成群迁徙。伯德还在得克萨斯州发现了成群结队行进的蜥脚龙的足迹。

迁徙中的恐龙

　　有证据表明，有些恐龙还在各大陆块之间迁徙。在白垩纪的部分时间里，北极是北美和亚洲之间的连接点，这样的路桥使恐龙在两大洲之间的迁徙成为可能。

　　罗伯特·巴克通过对这些足迹的研究，他发现这群恐龙是有组织结构的，年幼的恐龙位于队伍的中间，而成年恐龙则位于队伍的两边，肩负着保护任务。

　　突发性自然灾害也能揭示恐龙的生活习性。杰克·霍纳在蒙大拿州挖出了上百块化石，这是一种叫作弯龙的新种恐龙。也许它们只是大部队中的一小部分，火山的突然爆发使它们埋葬在了一起。

你知道吗？

　　事实上，在南极发现了一只恐龙的骨骼以及在阿拉斯加发现了其他几副骨骼之后，一些恐龙像候鸟一样沿固定线路迁徙，每年返回故地产蛋孵卵的假设显得理由越来越充足。

草食性恐龙

重龙
大椎龙

恐龙的后代

古老的孔子鸟

孔子鸟是一种古鸟属，化石遗迹在中国辽宁省北票市的热河中发现。在已公开的化石标本中，孔子鸟的骨骼结构十分完整，并有着清晰的羽毛印迹。

驰龙一家

专家研究发现，鸟类是由驰龙进化而来的。驰龙拥有鸟类的特征，包括中空的骨骼和长有长羽毛的前肢。

始祖鸟复原图

始祖鸟，古脊椎动物，头部像鸟，有爪和翅膀，稍能飞行，有牙齿，尾巴很长，由多数尾椎骨构成，除身上有鸟类的羽毛外，跟爬行动物相似。

通过对比已知最早的鸟类和小型兽脚类恐龙的骨骼化石，科学家们得出结论：鸟类是恐龙的直系后代。鸟类和恐龙有诸多相似之处，因而鸟类有了另外一个称号："鸟恐龙"。

古生物学家通过研究发现，鸟类是从一类称作驰龙的恐龙进化而来的。驰龙拥有鸟类身上的某些特征，比如长有羽毛的前肢和中空的骨骼。

驰龙和鸟类还长有相似的腕关节。驰龙的腕关节使它们动作灵敏，前爪可以折叠紧贴臂部，这是为了保护爪上的羽毛。而现代的鸟类在扑打翅膀时也有的动作。

始祖鸟是目前发现的最早的鸟类，大约出现在侏罗纪晚期。古生物学家把始祖鸟当作恐龙和鸟类中间的分界点。始祖鸟和恐龙有许多相似的地方，比如长有长长的、由骨节连成的尾部，并长有尖利的牙齿和纤长的弯爪脚趾。但是，相对于恐龙而言它的特征更接近现代鸟类，最重要的一点是始祖鸟已经可以飞行了。

在中国发现的孔子鸟具有重大的意义，它揭示了中生代似恐龙鸟类是怎样不断演变成为现生鸟类的。与现生鸟类不同，生活在白垩纪的孔子鸟最大的特征就是翅膀上长有爪子，而且没有进化出现生鸟类特有的扇状尾羽。孔子鸟与现生鸟类也有很多相同的地方，长有和现生鸟类一样的脚趾，可以使它能停在树枝上。而且孔子鸟是已知最早长有无齿喙的鸟类。

你知道吗

如今，世界上生活着超过9000种的数千亿只鸟。鸟类是数量最多、种类最丰富的动物之一。它们全是小型兽脚类恐龙的后代，这一点让人难以置信。

知识问答

1. 李氏蜀龙的化石发现于（　）。

A. 四川省自贡市　B. 广西省南宁市　C. 云南省禄丰县

2.（　）是世界上发现恐龙化石最多的国家。

A. 英国　B. 中国　C. 美国　D. 俄罗斯

3. 恐龙生活在哪些时代?（　）

A. 近代　B. 古生代　C. 中生代　D. 新生代

4. 恐龙时代有多长?（　）

A.1.6 亿年　B.1.65 亿年　C.1.8 亿年　D.1.75 亿年

5. 最原始的恐龙出现在以下哪个时期?（　）

A. 白垩纪　B. 三叠纪　C. 侏罗纪

6. 距今 2.08 亿~1.45 亿年的（　）被称为"恐龙盛世"。

A. 白垩纪　B. 石炭纪　C. 侏罗纪　D. 第三纪

7. 地球的年龄有多大?（　）

A.32 亿年　B.38 亿年　C.50 亿年　D.46 亿年

8. 非鸟恐龙是在什么时候灭绝的?（　）

A. 侏罗纪　B. 三叠纪末　C. 白垩纪末　D. 寒武纪末

9. 双嵴龙是生活在（　）早期的一种肉食性恐龙。

A. 白垩纪　B. 侏罗纪　C. 三叠纪

10. 恐龙根据（　）区分种类。

A. 腰带构造　B. 牙齿　C. 爪　D. 四肢

11. 到目前为止，全世界已发现的恐龙化石共（　）种。

A.1000　B.900　C.800　D.700

12. 三叠纪时什么恐龙像公共汽车一样长？（　　）

A. 槽齿龙　B. 黑水龙　C. 板龙　D. 雷龙

13. 恐龙是由（　　）爬行动物进化来的。

A. 槽齿类　B. 犬齿类　C. 鼬龙类

14. 蜀龙属于（　　）恐龙。

A. 兽脚类　B. 鸟脚类　C. 蜥脚类

15.（　　）是中国恐龙研究的鼻祖，被誉为"中国古脊椎动物之父"。

A. 周明镇　B. 杨钟健　C. 裴文中

16. 人类最早发现的恐龙是什么恐龙？（　　）

A. 禽龙　B. 霸王龙　C. 鸭嘴龙　D. 剑龙

17.（　　）是三叠纪时最大的肉食性恐龙。

A. 理理恩龙　B. 南十字龙　C. 始盗龙　D. 腔骨龙

18.（　　）是第一种被记录的南极洲恐龙。

A. 霸王龙　B. 冰嵴龙　C. 双嵴龙　D. 单嵴龙

19.（　　）是中国第一个装架的恐龙。

A. 许氏禄丰龙　B. 卢沟龙　C. 双嵴龙

20.（　　）的发现打破了由外国人发掘中国恐龙的历史。

A. 近蜥龙　B. 卢沟龙　C. 禄丰龙

三叠纪
——黎明前的曙光

三叠纪是爬行动物和裸子植物崛起的年代，是中生代的第一个纪。三叠纪的开始和结束各以一次灭绝事件为标志。虽然这段时间的岩石标志非常明显和清晰，其开始和结束的准确时间却如同其他古远的地质时代一样无法非常精确地被确定。其误差可达数百万年。恐龙在三叠纪发展缓慢，种类也比较少。

板 龙

板龙意为"平板的爬行动物",板龙以植物为食,可以说板龙是地球上出现的第一种大型恐龙。板龙是最早出现的恐龙之一,生活于两亿年前的三叠纪,分类上属于古蜥脚亚目(即原蜥脚类)。古生物学家认为它们是蜥脚亚目的腕龙、梁龙、雷龙等恐龙的祖先,在外形上与雷龙有很多相似的地方,但体格较小。而且前肢短小,也许有时候可以用后肢站立。从模型复原图上看,板龙像是介于用2足与4足行走的杂食性恐龙,属于早期的草食性恐龙,有资料显示板龙也吃肉,但没有确凿的证据加以证明。

板龙全长约7米,站立时头部高约3.5米,是最早的高大草食性恐龙。头细小,口中有齿,颈长尾长,躯体粗大。板龙的后肢粗壮,可以保证它直立起来。前肢短小,有5个指头,拇指长着大爪,爪可以自由活动,爪担负着重要的作用,用爪可以赶走敌人,也可以抓摘食物。

在板龙出现以前,三叠纪最大的草食性动物的身材也就像现代的一头猪那样大。板龙的体型要大得多,它的长度有一辆公共汽车那样长。板龙可以用四肢爬行来寻觅地上的植物,当食物比较高时,板龙用后腿可以直立起来,觅食高处的食物。板龙可以在三叠纪生存,其优势就在于它可以够到最高的树木的树梢。板龙的牙齿和绝大多数恐龙一样,上下颌的结构都不大适合咀嚼。

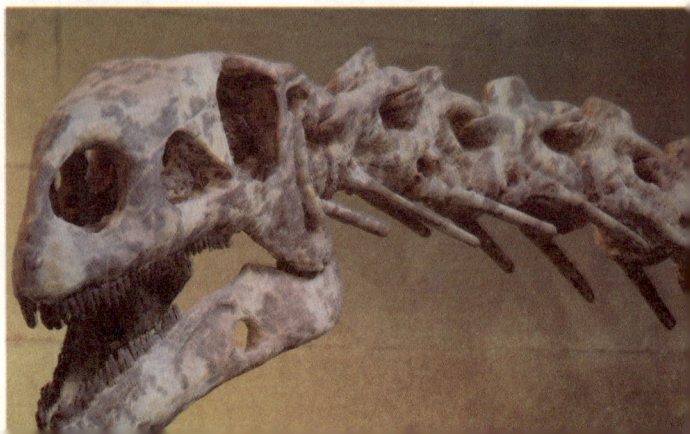

同类相争

板龙的小型、叶状牙齿显示它们为草食性,并且为最早的大型草食性恐龙之一,以高大植被为食,板龙有时也为食物争斗。

板龙化石

恐龙名称:板龙
拉丁文名:Plateosaurus
生存时代:2.08亿年前
食性:植食
恐龙种类:蜥臀目

板龙头部化石特写

板龙的头颅骨比大多数原蜥脚类恐龙还要坚固、纵深;但是与板龙的身体大小相比时,仍然小型、狭窄。

因此，板龙通过吞下各种石头，把它们储存在胃中，像一台碾磨机那样滚动碾磨，把食物碾碎成糊状，以利于消化。板龙的指爪相当灵活，可以很容易地向后弯曲。平时，按在地上像脚趾，但如果它想抓住什么东西的话，这时指爪就发挥了作用，弯曲自己的五只指爪，向前紧紧地攥成一个拳头。

板龙是不经常直立行走的。它灵活的脖子使它过于头重脚轻，板龙不可能总是以两脚着地的姿态行走，所以板龙经常是四脚着地的爬行方式，这样才更为舒服自然。

最近有些科学家指出，板龙也许是群体生活，成群结队地在树丛中寻找食物。

板龙模型图

板龙是已知最大的三叠纪恐龙，也是三叠纪最大的陆生动物，身长可达 6~10 米，体重估计有 700 千克。

板龙

身体硕大的板龙，由于体温升高时散热不易，常在旱季缺乏食物时，做出集体往海边迁徙的行动。

板龙复原图

板龙牙齿厚实，能撕下粗硬的木贼。拇指有大爪，爪能自由活动。

你知道吗？

板龙是属于早期恐龙族群之一，是三叠纪唯一最常出现在孩子恐龙书籍或玩具中，具有很长的颈部与尾巴以及很小的脑袋，大约体长为八米，它或许是侏罗纪大型蜥脚类的祖先前身。

黑瑞龙

进食中的黑瑞龙

黑瑞龙有 3~4 米的高度，在早期来说算是巨型。头颅化石中的耳骨则显示这种恐龙可能有着灵敏的听觉。

黑瑞龙生存在距今约 2 亿 3000 万年前的三叠纪，是三叠纪后期的恐龙。它是两足肉食性动物，而且它的速度相当快。身长约 5 米，重约 300 千克，头大颈短，是最早的肉食恐龙之一，在阿根廷发现了多具黑瑞龙的化石遗骸。

最早的黑瑞龙是什么样子？这是很多人都比较关心的话题。经过专家的不懈努力，终于在阿根廷找到了这个问题的线索。这个

线索来自于一种被称为边缘恐龙——黑瑞龙。所谓边缘恐龙就是说这种恐龙的特征只是刚刚符合成为分类恐龙的条件。这种恐龙的年代十分久远，而且相比起大部分恐龙它的身体结构更加原始。

第一具黑瑞龙化石是由古生物学家 Victorino Herrera 于 1958 年发现的，而恐龙的名称就是为纪念其发现者而命名为 Herrasaurus 的。遗憾的是这具化石并不完整，完整的化石

在 1988 年才被发现，即第一具发现的 30 年后才被 H.Ischigualastensis Paul 发现。这次出土的化石相对比较完整，包括较完整的骨骼化石， 还有一些零碎的碎片。这次的发现为研究黑瑞龙提供了足够的资料，让古生物学家重新认知这种历史悠久的恐龙成为可能。

黑瑞龙属于早期的肉食性恐龙，有尖锐的牙齿和爪，强而有力的前肢等。它们骨骼轻巧，所以它的速度应该相当的快。它有 3~4 米的高度，在早期恐龙来说算是体型庞大的一类。耳骨化石则显示黑瑞龙的听觉相当灵敏。

虽然已找到较为完整的化石， 但是由于化石比较稀少，古生物学家只可以确认黑瑞龙的几种特点。专家推测这种恐龙的结构类似于早期的蜥臀目恐龙，所以把它归类为蜥臀目恐龙。

捕食中的黑瑞龙

黑瑞龙是早期肉食性恐龙，有尖锐的牙齿和爪，强而有力的前肢等。它们骨骼轻巧，所以相信它是敏捷的猎食者。

黑瑞龙

恐龙名称：黑瑞龙
拉丁文名：Herrerasaurus
生存时代：约 2 亿 000 万 ~ 2 亿年前
食性：肉食
恐龙种类：蜥臀目

你知道吗？

古生物学家一直都想知道最早的恐龙是怎样的，而阿根廷西北部隐藏了这个问题接近最早的线索。这个线索则来自一种被称为边缘恐龙的黑瑞龙。边缘恐龙代表这种恐龙的特征只是刚刚符合分类为恐龙的条件。可见这种恐龙的年代十分久远，比起大部分恐龙的结构来得原始。

黑丘龙

黑丘龙手绘图

黑丘龙过去被分类于原蜥脚下目，但现在被认为是已知最早的蜥脚下目恐龙之一。

黑丘龙在希腊文中意为"黑色山脉蜥蜴"，生存于晚三叠纪的南非。黑丘龙体长12米，是一种草食性恐龙。黑丘龙的颅骨约25厘米长，大致呈三角形，口鼻部略尖。前上颌骨各有4颗牙齿，属于蜥臀目蜥脚下目黑丘龙科。

从发现的化石可以看出，黑丘龙有庞大的体型与粗长的四肢，这表明它们是四足方式移动。四肢骨头巨大而沉重，类似蜥脚类的四肢骨头。就像大部分蜥脚类的脊椎骨，黑丘龙的脊骨中空，可以减轻身体的重量。

黑丘龙模式标本是在1924年叙述的，发现于上三叠纪的艾略特组，位于南非特兰斯凯的黑色山脉北侧山麓。但是直到2007年，才发掘出第一个黑丘龙的完整颅骨。黑丘龙目前有两个种：模式种里德氏黑丘龙（M.readi）和塔巴黑丘龙（M.thabanensis）。

这两个种过去一度被认为是基础蜥脚类恐龙集合群，但因为踝部骨头的不同表明它们应为姐妹生物单元。而基础蜥脚类恐龙，例如，黑丘龙、近蜥龙，是这些生物的过渡型。

黑丘龙

恐龙名称：黑丘龙

拉丁文名：Melanorosaurus

生存时代：三叠纪晚期

食性：植食

恐龙种类：蜥臀目

你知道吗？

黑丘龙是一种巨大的原蜥脚类恐龙。黑丘龙的头很小，四肢粗壮，尾长。黑丘龙之所以进化出庞大身驱可能是用来抵御天敌。

黑夜中的黑丘龙

黑丘龙体长 10~12 米，属草食性恐龙，是蜥臀目蜥脚下目黑丘龙科，生存于三叠纪晚期的南非。

南十字龙

南十字龙复原图

南十字龙与近亲始盗龙、艾雷拉龙都属于兽脚亚目。

南十字龙

恐龙名称：南十字龙
拉丁文名：Staurikosaurus
生存时代：约2.25亿年前
食性：肉食
恐龙种类：蜥臀目

南十字龙属于恐龙总目下的一类恐龙。南十字龙属于一种小型的兽脚亚目恐龙。南十字龙生活在三叠纪晚期的巴西。

目前仅存的一具南十字龙化石是在巴西南部南里约格朗德州的圣母玛利亚组地层发现的。因为是1970年发现的，而当时在南半球发现恐龙化石极少，所以恐龙的名字便根据只有南半球才可以看见的星座南十字星命名。美国自然史博物馆工作的内德·科尔伯特 (Edwin Harris Colbert) 首次叙述了南十字龙。

南十字龙是已知最古老的恐龙之一，生活于三叠纪晚期（约2.25亿年前），身长2.1米，尾巴的长度约80厘米，体重约30千克。从出土的牙齿和姿态可以表明它是肉食恐龙，因为它的骨骸类似原蜥脚下目的恐龙，因此有些研究人员认为它是属于蜥脚下目类的恐龙。

南十字龙可能位于蜥臀目的祖先到兽脚亚目和蜥脚形亚目的分支进化的过渡期。但是另一个在美国亚利桑那州多色沙漠发现的未命名化石，属于典型的原蜥脚下目恐龙，表明原蜥脚下目是在南十字龙出现前就已经演化出来。新的研究表明南十字龙与近亲艾雷拉龙、始盗龙都属于兽脚亚目，而且是在蜥脚下目与兽脚亚目分开演化后，才演化出来的。

发现的南十字龙化石极不完整，只有大部分的脊椎骨、后肢和大型下颌。但是发现化石的年代是三叠纪的早期，而且比较原始，所以大部分的南十字龙特征都得以重建。

南十字龙可以捕食猎物

南十字龙可以把较小的猎物，沿着小而往后弯曲的牙齿，往喉咙后方推动。在兽脚亚目恐龙中是相当普遍的现象。

南十字龙身上最原始的恐龙特征是它的五根手指与五个脚趾。自从发掘出南十字龙的腿部骨骸后，南十字龙就被当作快速猎杀者。南十字龙只有两个脊椎骨连接骨盆与棘柱，这是非常明显的原始排列方式。

通过重建的下颌骨，可以看出它有滑动的下巴关节，可让下颚前后、左右、上下摆动。因此，专家推测它在吞食较小的猎物时，依靠小而往后弯曲的牙齿，把猎物往喉咙后方推动。当时的兽脚亚目恐龙都拥有这个特征，但晚期的兽脚亚目恐龙这个特征则消失了，这可能是因为它们进化出更加方便的吞食方式，已不需要这种方式。

因为目前只发现一个南十字龙标本，所以目前仅知普氏南十字龙。普氏南十字龙是以科尔伯特的古生物学同事 LlewellynIvorPrice 为名。

但是还存在其他的南十字龙科恐龙，比如由 Murray 与 Long 在 1985 年命名的钦迪龙（Chindesaurus）。钦迪龙化石是在亚利桑那州的和新墨西哥州地层发现的。这表明南十字龙科广泛分布在中盘古大陆。

进食中的南十字龙

南十字龙属于肉食性恐龙，长颈上长着整齐的牙齿，可以用来捕捉猎物，细长的像鸟一样的后肢可用来追逐猎物。

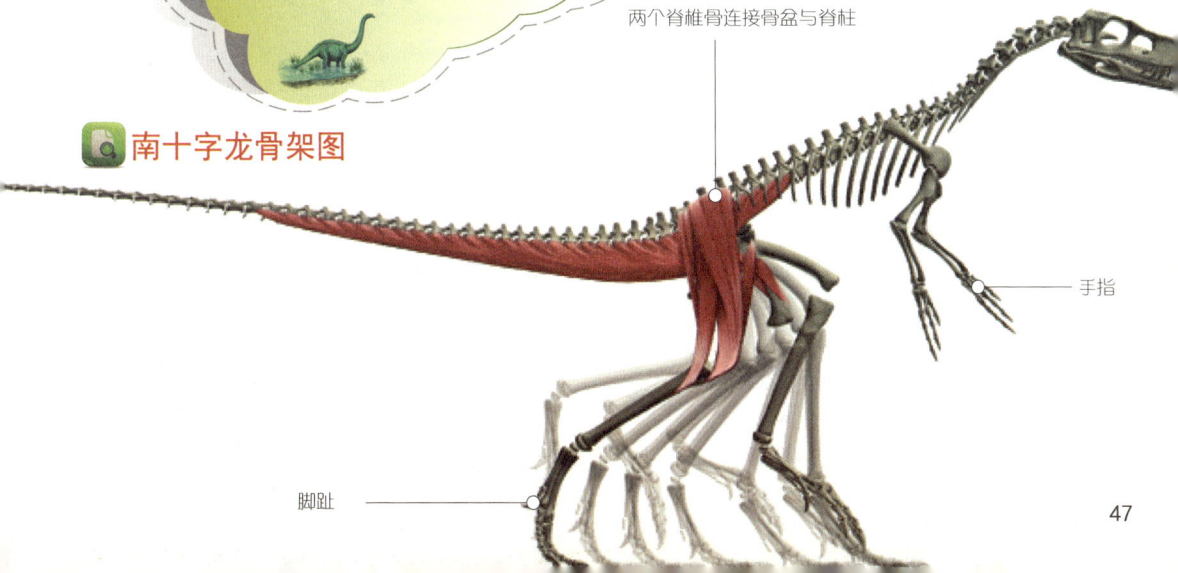

身长 2 米的南十字龙

南十字龙是已知最古老的恐龙之一。南十字龙的身长约 2 米，尾巴的长度约 80 厘米。

你知道吗?

南十字龙的头相对地说是较大的，而且口内有刀刃般的牙齿，证明它是吃肉的。从骨盆上看它像是蜥龙类恐龙，但在它的肠骨上有一个发育很好的髋部孔，科学名称叫髋臼，这是蜥龙类所没有的。

南十字龙骨架图

两个脊椎骨连接骨盆与脊柱

手指

脚趾

禄丰龙

禄丰龙骨架图

禄丰龙因发现于中国云南省禄丰县而得名，也是在中国找到的第一个完整的恐龙化石。

禄丰龙手绘图

头骨较小（相当尾部前三个半脊椎长），鼻孔呈三角形，眼前孔小而短高，眼眶大而圆，上颞颥孔靠头骨上部，侧视不见。

小型恐龙禄丰龙

禄丰龙身长只有6米，站立时不会超过2米，比今天的马大不了多少。

禄丰龙属于原蜥脚类恐龙，它的名字来源于它的发现地。

1938年，在中国云南省的一个小县城发生了一件举世瞩目的事。当时禄丰县来了几位古生物学家，在沙湾附近考察时，在这里的三叠纪晚期"红层"中找到了著名的禄丰龙化石。从此，禄丰县因为禄丰龙化石的发现而闻名世界。

禄丰龙不是大型的恐龙，它的个子不算很高，即使是直立地站起来，也不会超过2米；身体的长度，从头到尾巴尖为6米。禄丰龙的脖子虽然很长，但是脊椎骨的构造相当简单，这说明它的脖子并不灵活。它的头小且呈三角形，还没有脖子粗。嘴里的牙齿参差不齐，尖而扁平，齿缘有起伏的"锯齿"形微波，这样的牙齿构造有利于它吞食植物。

禄丰龙的后肢虽然粗壮有力，但是前肢短小，大约只有后肢的1/3。它的脚有五趾，趾端还有粗大的爪。因此，禄丰龙主要依靠两条后腿行走，而且行动比较敏捷。禄丰龙是草食动物，主要生活在湖泊和沼

禄丰龙

恐龙名称：禄丰龙
拉丁文名：Lufengosaurus
生存时代：距今2亿零5百万～1亿9千万年前
食性：植食
恐龙种类：蜥脚目

泽岸边，吞食植物的嫩枝叶，如果遇到危险，它会迅速逃跑。不过禄丰龙也有自己的"秘密武器"，它可以挥动粗大的尾巴攻击掠食者。如果掠食者不幸被击中，很可能会丢掉性命。

在觅食或休息时，禄丰龙也会使前肢着地，采用爬行的方式。正是有了这种行动方式，为了进一步适应环境，促使它向着四足行走的巨大蜥脚类恐龙演变。

三叠纪的恐龙本来就少，留存下来的化石就更少了。就目前世界已发现的诸多恐龙化石来看，绝大多数都属于侏罗纪和白垩纪。而发现于三叠纪晚期地层中的禄丰龙就显得更加珍贵了，它与发现于欧洲和南非的板龙一样，是一种出现得比较早、较为原始的恐龙。

目前中国发现的禄丰龙化石多达数十个，难能可贵的是其中有一条名叫"许氏禄丰龙"的骨架化石保存相当完整，从头到尾巴尖上的骨头几乎没有缺少。像这样完整的化石，世界上也不多见，在恐龙还未兴盛的三叠纪，有这样保存完整的化石就显得更加宝贵了。

展览中的许氏禄丰龙

许氏禄丰龙是中国所发掘的最古老的恐龙类之一，与欧洲西部三叠纪晚期岩层中所发掘的板龙极为相似。

你知道吗？

1938 年，中国恐龙研究之父杨钟健先生在禄丰盆地发掘出了中国第一具恐龙化石标本——"许氏禄丰龙"，从此禄丰成为闻名世界的"恐龙原乡化石之仓"。

禄丰龙

鼻孔呈三角形

身后拖着一条粗壮的大尾巴，可以用来支撑身体

前肢短小，有 5 指

始盗龙

1993 年，保罗·塞雷那、费尔南都·鲁巴以及他们的学生在南美洲阿根廷西北部一处极其荒芜不毛之地——伊斯巨拉斯托盆地发现了始盗龙化石，该地属于三叠纪地层。在这一地点还发现了艾雷拉龙，这也是一种颇为原始的恐龙。

关于始盗龙化石的发现还有一段小故事，当时挖掘小组出去找寻恐龙化石，在经过一番探寻后毫无结果。就在大家准备返回时，一位成员在一堆弃置路边的乱石块里居然找到了一个近乎完整的头骨化石，大家都意识到可能有意外惊喜。于是挖掘小组对废石堆一带进行了更仔细的探测，没过多长时间，就发现了其他的化石。在经过一番处理后一具完整的恐龙骨骼呈现出来，更令大家高兴的是——他们从没有见过这一物种。

在当前已发现的诸多恐龙中，始盗龙是最原始的一种。根据始盗龙的骨骼化石，可以看出它是一种两足行走的兽脚亚目肉食性恐龙，但有时候也会"手脚并用"的。

尽管始盗龙仍然像初龙一样有五根趾头，但是第五根趾头已经开始退化，变得非常小了。始盗龙前肢及腿部的骨骼薄且中空，站立时依靠它脚掌中间的三根脚趾来支撑全身的重量，这就是不久之后兽脚亚目恐龙的两个特征。但与兽脚亚目不同的是，始盗龙的第四根却只起到行进中辅助支撑的作用。

始盗龙长有利爪

始盗龙可以捕抓并干掉同它体型差不多大小的猎物。

锯齿状的牙齿

始盗龙复原图

五根趾头，但是其第五根趾头已经退化，变得非常小了。

前肢及腿部的骨骼薄且中空

雌雄始盗龙
始盗龙的含义是曙光奇兵 (dawn raider) 或曙光盗贼 (dawn thief) 的意思，体长1米左右，推测体重6千克左右。

始盗龙化石
始盗龙是保罗·塞雷那、费尔南都·鲁巴以及他们的学生共同发现的，同一个地点还发现了艾雷拉龙，这也是一种颇为原始的恐龙。

从始盗龙的前肢化石，我们可以看出始盗龙拥有善于捕抓猎物的双手，古生物学家推测，始盗龙可以捕抓并干掉同它体型差不多大小的猎物。虽然无法重现这个场景，但是从那轻盈矫健的身形就可以想象出当时的场景。始盗龙可以进行急速猎杀，它的食物不仅包括小型爬形动物，还会有一些最早的哺乳类动物。

从这一特征可以看出，始盗龙很可能是杂食动物。始盗龙具有五个"手指"，而后来陆续出现的肉食性恐龙的"手指"数则趋于减少，到了白垩纪时期的霸王龙等大型肉食性恐龙就只剩下象征性的两个"手指"了。始盗龙的这些特征表明，它是地球上最早出现的恐龙之一。

始盗龙的腰部有三块脊椎骨支持着它的腰带，而之后的体型庞大的恐龙，支持腰带的腰部脊椎骨的数目就明显增加了。

不过始盗龙的一些特征与黑瑞龙以及后来出现的各种肉食性恐龙相同。例如，它的耻骨不是很大。再如，它的下颌中部没有后来的素食恐龙那种额外的连接装置。始盗龙和黑瑞龙在三叠纪晚期的出现，代表了恐龙时代的黎明。

捕食中的始盗龙
始盗龙的一些特征证明，它是地球上最早出现的恐龙之一。

你知道吗？
在始盗龙的上下颌上，后面的牙齿像带槽的牛排刀一样，与其他的肉食性恐龙相似；但是前面的牙齿却是树叶状，与其他的素食恐龙相似。

始盗龙
恐龙名称：始盗龙
拉丁文名：Eoraptor
生存时代：生活于2亿3000万～2亿2500万年前三叠纪晚期
食性：肉食
恐龙种类：蜥臀目

腔骨龙

在发现始盗龙和黑瑞龙之前，腔骨龙一直被认为是最早的兽脚类恐龙。这是由于在美国新墨西哥州北部，古生物学家在三叠纪晚期的地层中发现了一具腔骨龙化石，而且更加珍贵的是这是一具异常完整而且保存完美的腔骨龙化石骨骼，通过研究表明：腔骨龙的确可以当作早期兽脚类恐龙的代表。

腔骨龙体长约 2.5 米，身体轻盈，骨头的中间都是空心的，这一点与鸟类很相似。因此，可以推测它活着的时候体重可能达到 20 千克。从化石中我们可以看出腔骨龙是标准的两足行走动物，后腿与鸟腿相似，十分强壮，很利于行走。它的前肢较短，适于攀援和掠取食物，相当灵活。身体以臀部为支点保持平衡，尾巴细长。它的脖子也相当长，前端是结构巧妙的头骨。腔骨龙的头骨狭长，有巨大的颞孔和前眼窝。这些特征基本上就是后来整个兽脚类恐龙共有的形态特征。腔骨龙侧扁的牙齿深埋在齿槽中，十分锋利，而且带有锯齿。这样的牙齿表明了腔骨龙是肉食性动物。它们很可能以小型或中型的爬行动物为食。

觅食中的腔骨龙

目前发现的腔骨龙有两个形态，一个是较纤细的，及一个较强壮的。古生物学家现时认为这代表两性异形，就是雄性与雌性的分别。

结伴出行的腔骨龙

腔骨龙是一种中小型肉食性恐龙。它们常集成小群体活动，很像今天的野狼。

新墨西哥州展示的腔骨龙

腔骨龙的知识是主要来自美国新墨西哥州幽灵牧场的标本，有研究指可能当时有大量的腔骨龙聚集在这个地方。

腔骨龙头部特写

腔骨龙的头部有大型洞孔，可帮助减轻头颅骨的重量，而洞孔间的狭窄骨头可以保持头颅骨的结构完整性。长颈部则呈 S 形。

腔骨龙的腰具有典型的蜥臀类特点。肠骨向前和向后扩大，并且与包含了好几个脊椎骨的长长的荐部相连；耻骨和坐骨都较长，而尤以耻骨为甚，它们与肠骨中间通过一种骨质的突起接合，而不是直接连接；耻骨从肠骨两侧向前向下延长，坐骨则向后、向下伸展；容纳球形的股骨头的臼窝（关节窝）是开孔的或叫作穿透式的，这一点是恐龙所独有的特点，其他爬行动物所没有。

腔骨龙在干燥的高地上生活。腔骨龙的这种生活方式反映了兽脚类恐龙的基本适应形式。为了适应这一地区的生态环境，腔骨龙就要具备快速奔跑的能力以及敏捷的动作能力，无论在捕食其他动物还是在逃避敌人方面都是不可缺少的。腔骨龙在这方面的能力也奠定了兽脚类恐龙的适应基础。

腔骨龙复原图

恐龙名称：腔骨龙
拉丁文名：Coelophysis
生存时代：三叠纪晚期
食性：肉食
恐龙种类：蜥臀目

你知道吗？

在幽灵牧场所发现的两具骨骸显示了同类相残的证据。在他们的遗骸中，体内有大量小型龙的骨头。由于这些骨头过于凌乱，而且体积过大，不可能源自于胚胎，所以这些骨头属于在母腹中未出生的胎儿之说轻易被驳斥。

腔骨龙

头部有大型洞孔

长尾巴在其脊椎的前关节突互相交错，形成半僵直的结构

肩带有叉骨

鼠 龙

鼠龙复原图

恐龙名称：鼠龙
拉丁文名：Mussaurus
生存时代：约 2.15 亿年前的三叠纪晚期
食性：植食
恐龙种类：蜥臀目

鼠龙意为"老鼠蜥蜴"，是种草食性原蜥脚类恐龙。鼠龙是种非常早期的恐龙，生存于约 2.15 亿年前的阿根廷南部。

鼠龙的化石来自于未成年个体与幼体，长度为 20～37 厘米；科学家估计成年个体的身长可达 3 米，重量约 70 千克。

鼠龙可能是种过渡物种，由于没有更多的化石被发现，鼠龙在科学分类法中的状态是蜥脚形亚目的未确定属，它可能是早期蜥脚下目，也可能是原蜥脚下目。

20 世纪 70 年代古生物学家何塞·波拿巴的挖掘团队在阿根廷的 ElTranquilo 组发现了鼠龙化石。除了发现幼体标本以外，还发现了鼠龙的蛋巢、蛋壳，这方便了科学家研究鼠龙与其他原蜥脚类的繁衍方式。

尽管当时发现的恐龙标本属于幼年期恐龙，但是从它的四肢骨盆可以辨认出鼠龙属于原蜥脚类恐龙。

除了恐龙标本以外，古生物学家还发现了鼠龙的蛋巢、蛋壳以及刚孵化出的幼体的化石，蛋巢内有多颗蛋。鼠龙的幼体身长为 20～37 厘米，与现生小型蜥蜴的长度差不多。通过幼体化石可以很清楚地描绘出它的体貌特征。幼体的头部较短、短颈部、尾巴较长，最显著的特征就是有大型眼眶。

通常情况下恐龙幼年与成年个体的身体比例不一样，成年鼠龙可能拥有较长的口鼻部与颈部，外表与原蜥脚类恐龙类似。

鼠龙化石

1979 年，根据在一个窝里发现的五六具鼠龙幼龙的化石，它的头，眼睛和四肢与身体的比例实在很大，这些部分是幼龙发育最快的部分。幼龙的化石，除了尾巴，体长只有 20 厘米，与一只小猫相当。

鼠龙模型

鼠龙是迄今发现的最小的恐龙，是一种生活在三叠纪晚期的草食性恐龙。

你知道吗？

三叠纪晚期全球各地的气候都很温暖，涌入裂缝卫生成的海洋产生湿润的风，内陆的沙漠带来雨量。植物延伸至从前不毛的地方，提供分布广泛且数量众多的恐龙（包括最大型的陆上动物）所需的食物。

原美颌龙

孵化中的原美颌龙

有些科学家认为原美颌龙是种原始的鸟颈类龙。

　　原美颌龙又名原细颈龙、始秀颌龙，属于小型兽脚亚目恐龙，生存于约 2 亿 2200 万年前到 2 亿 1900 万年前的晚三叠纪。

　　原美颌龙是由埃伯哈德·弗拉士在 1913 年所命名。他是根据在德国符腾堡发现的保存状况较差的化石，命名了模式种三叠原美颌龙。

　　原美颌龙的属名是从美颌龙演化而来的，美颌龙生存于侏罗纪晚期，较原美颌龙晚出现约 5000 万年。虽然二者名字只有一字之差，但后来的研究表明原美颌龙与美颌龙之间并没有直接关系。

　　原美颌龙是二足恐龙，身长约 1.2 米。前肢较短、后肢比较长、大型指爪、长口鼻部、小型牙齿以及坚挺的尾巴。原美颌龙生活于干燥的内陆，可能以昆虫、蜥蜴或其他小型猎物为食。由于没有保存完整的原美颌龙化石标本，使得它很难被准确地分类。但可以肯定的是它是一种小型、二足肉食性恐龙。

　　1992 年，保罗·塞里诺等人提出原美颌龙的正模标本是个嵌合体，头骨来自于喙头鳄亚目的跳鳄，身体来自于角鼻龙下目的斯基龙。

　　2000 年，奥利佛·劳赫（Oliver

Rauhut）等人发现的原美颌龙的脊椎显示它们很有可能属于腔骨龙科或角鼻龙下目；而M.T.Carrano 在 2005 年重新研究它们的近亲斯基龙时，发现原美颌龙与斯基龙都属于恐龙总目腔骨龙科。

孵蛋中的原美颌龙

原美颌龙身长约1.2米。原美颌龙是二足恐龙，拥有短前肢、长后肢、大型指爪、长口鼻部、小型牙齿和坚挺的尾巴。

原美颌龙

恐龙名称：原美颌龙

拉丁文名：Procompsognathus

生存时代：生存于晚三叠纪，约 2 亿 2200 万年前到 2 亿 1900 万年前

食性：肉食

恐龙种类：蜥臀目

你知道吗？

在麦可·克莱顿（Michael Crichton）的小说《侏罗纪公园》与《失落的世界》里，原美颌龙是经过基因工程而重新产生的已灭绝恐龙之一。克莱顿将原美颌龙描述成有毒动物，然而这是小说所创造的特征，并没有化石证据可证明。

里奥哈龙

里奥哈龙

恐龙名称：里奥哈龙
拉丁文名：Riojasaurus
生存时代：晚三叠纪
食性：植食
恐龙种类：蜥臀目

里奥哈龙复原图

里奥哈龙拥有重型身体、庞大结实的腿、长颈部与长尾巴。

你知道吗？

爬行动物在三叠纪崛起，主要由槽齿类、恐龙类、似哺乳的爬行类组成。典型的早期槽齿类表现出许多原始的特点，且仅限于三叠纪，其总体结构是后来主要的爬行动物以至于鸟类的祖先模式；恐龙类最早出现于晚三叠世，有两个主要类型：较古老的蜥臀类和较进化的鸟臀类。

里奥哈龙意为"里奥哈蜥蜴"，是种草食性原蜥脚下目恐龙，它是由约瑟·波拿巴（Jos Bonaparte）在阿根廷发现的。它的命名来源于阿根廷拉里奥哈省。

里奥哈龙出现于晚三叠纪，它们身长约10米。就目前而言里奥哈龙是里奥哈龙科中唯一生活于南美洲的物种。

第一个被发现的里奥哈龙化石并没有头颅骨，颅骨是后来才被发现的。它的牙齿呈叶状，有锯齿边缘。上颌的前方有5颗牙齿，后方有24颗牙齿。

里奥哈龙拥有重型身体、庞大结实的腿以及长颈部与长尾巴。相对于原蜥脚类的标本而言，里奥哈龙的腿骨更大、密度更高。里奥哈龙的脊椎骨中空，可减轻身体承受的重量。

里奥哈龙独特的地方在于它的荐椎有4节，而大部分原蜥脚类的荐椎只有3节。里奥哈龙可能以四足方式缓慢爬行，但是不能站立。里奥哈龙的前后肢长度相近，说明它们应为四足爬行。

由于里奥哈龙与近亲黑丘龙的巨大体型与四肢结构相近，曾有专家认为它们是早期的蜥脚类恐龙。保罗·塞里诺（Paul Sereno）和彼得·加尔东（Peter Galton）反对蜥脚类演化自原蜥脚类的理论，他们认为这是两个独立的演化支。

如果真是这样的话，里奥哈龙与蜥脚类恐龙的共同特征，将是平行演化的结果。

艾沃克龙

艾沃克龙

恐龙名称：艾沃克龙
拉丁文名：Alwalkeria
生存时代：三叠纪
食性：杂食
恐龙种类：蜥臀目

　　艾沃克龙，是蜥臀目恐龙，活跃于三叠纪晚期的印度。它属于小型的双足恐龙。

　　由于化石发现得较少，艾沃克龙没有被系统地分析过，由于与始盗龙有很多相似的地方，一些专家认为它们在演化树上有相同位置。但是关于始盗龙的位置还有很多争议。有专家认为艾沃克龙应该是蜥臀目或兽脚亚目与蜥脚形亚目开始分开演

化前的基础恐龙。保罗·塞利诺还指出除了艾沃克龙外，始盗龙也属于基础兽脚亚目恐龙。而另外一些专家则把始盗龙完全分类在恐龙总目之外。

　　艾沃克龙上颌有着异型齿的齿列，这就说明在不同的位置它的牙齿有不同的形状。它的前段牙齿细长而且笔直，与始盗龙及基础蜥脚形亚目恐龙很相似；而位于

两旁的牙齿，虽然没有长出锯齿，和肉食性的兽脚亚目恐龙一样，是向后弯曲的。根据这种牙齿排列专家推算艾沃克龙很可能是杂食性恐龙，它的食物来源应该是昆虫、小型的脊椎动物和植物。

艾沃克龙有几种特征是其他基底恐龙所没有的。除了没有锯齿的牙齿，下颌在比例上也比较宽。另外，腓骨及脚跟处有着非常大的关节。

长着长尾巴的艾沃克龙

在艾沃克龙的脚跟处长有非常大的关节。

艾沃克龙手绘图

艾沃克龙是小型的双足恐龙。

你知道吗

恐龙一直在进化和适应各种不同的栖息地。从某些化石（例如在美国德克萨斯州帕拉克西河床上发现的恐龙足迹化石）可以知道，有些恐龙，如腔骨龙、剑龙和禽龙等，成群生活。有些足迹化石记录着成千上万的动物，可以证明迁徙的路线。有些恐龙如异特龙，单独或小群捕猎，鸭嘴龙在森林里以植物为食，有些恐龙如窃蛋龙，主要吃恐龙蛋或甲壳动物。

始奔龙

始奔龙和幼崽

始奔龙的外形很像早期的侏罗纪鸟臀目恐龙。

始奔龙意为"最初的奔跑者"，属于最新发现的原始鸟臀目恐龙，生存于南非，活跃于约2亿1000万年前的晚三叠纪。始奔龙的化石，是目前发现的最完整的三叠纪鸟臀目恐龙化石，这就为专家研究鸟臀目的起源提供了依据。

始奔龙的化石发现于1993年，但当时并没有正式的叙述。它的模式种是大卫·诺曼等人在2007年所叙述的娇小始奔龙。始奔龙是当前发现的最早的鸟臀目恐龙之一，这对于研究早期恐龙的关系有很大的帮助。发现的始奔龙化石包含头颅骨碎片、骨盆、长后肢、脊骨碎片和大型、独特的可抓握手部，而早期恐龙的化石大部分是不完整的骨骸。

始奔龙是种轻型的二足恐龙，身长大约1米。始奔龙的外形与早期的侏罗纪鸟臀目恐龙莱索托龙与腿龙很相似。而它的大型手部与畸齿龙科很相似，畸齿龙科是比较原始的鸟臀目演化支。始奔龙的牙齿比较特殊，是三角形的，这表明他们很有可能是植食恐龙。它的胫骨长于股骨，标明它的奔跑速度很快。

鸟臀目最后演化出剑龙属、三角龙以及

始奔龙复原图

始奔龙是早期鸟臀目恐龙，体型小，运动能力很强。

禽龙等物种。有专家认为始奔龙比畸齿龙科与皮萨诺龙更古老，比莱索托龙更为原始，并形成颌齿类的姐妹演化支。

始奔龙

恐龙名称：始奔龙
拉丁文名：Eocursor
生存时代：三叠纪
食性：植食
恐龙种类：鸟臀目

你知道吗？

根据大量的化石证据，科学家确认，恐龙在中生代的陆地动物中占统治地位。恐龙的品种一直在更选。有的品种生存了全部三个时期，有的生存了其中两个时期，有的仅生存了一个时期。

橡树龙

橡树龙骨骼化石

橡树龙体长可达 4.3 米，臀部高度为 1.5 米，体重可达 91 千克。

橡树龙化石发掘于美国中西部、英国等地，它属于侏罗纪晚期的恐龙。橡树龙科长 3.5 米，重约 100 千克。橡树龙是一种草食性恐龙，很有可能是群居生活。与现在的鹿相似，它的奔跑能力很强。当遇到危险时，它可以发挥它的速度优势迅速摆脱危险。它的后腿修长，爆发力强，前肢较短，有五根长指，角质的嘴巴很像鸟喙，嘴里没有牙齿，但长有锋利的颊牙。当橡树龙快速奔跑时，可以用坚硬的尾巴来保持平衡。它的眼睛比较大，在眼部有一根特殊的骨头来托起眼球和眼睛周围的皮肤。

橡树龙拥有长颈部、细长的后肢、长长的尾巴。它的前肢很短，每只手有五个手指，这是比较原始的特征。它的体长在 2.4~4.3 米，臀部高度为 1.5 米，体重在 77~91 千克。目前为止还没有发现成年标本，所以关于成年个体的身长还是未知数。

与其他鸟脚下目恐龙相似，橡树龙属于草食性动物。专家估计橡树龙咀嚼时，将食物置于颊部中，以低矮的植被为食。它的鼻孔上侧没有骨梁横跨。刚孵化出橡树龙幼崽前肢比较健壮，很可能用四肢行走。与弯龙的差异在于，橡树龙没有小型的第一趾爪。

橡树龙头部特写

橡树龙的眼睛大，且有一根特殊的骨头来支撑眼球和眼睛周围的皮肤。

橡树龙

恐龙名称：橡树龙
拉丁文名：Dryosau
生存时代：三叠纪
食性：植食
恐龙种类：鸟臀目

你知道吗 ?

过去还认为，恐龙是行动迟缓而笨拙的动物，其生活方式很像现代的爬行动物。但最近的证据显示，有些恐龙远比我们想象的要更加活跃。大多数恐龙能直立起来，腿和足的结构更像鸟类而不是爬行动物。

知识问答

1. ( ) 是有史以来所挖掘到的第一具完整的剑龙类骨骼。

A. 剑龙   B. 华阳龙   C. 沱江龙   D. 大地龙

2. ( ) 是出自中国最早的剑龙类恐龙。

A. 华阳龙   B. 峨眉龙   C. 酋龙   D. 禄丰龙

3. 马门溪龙最大的特点是什么? ( )

A. 头特别大   B. 尾巴特别长   C. 脖子特别长   D. 牙齿锋利

4. 峨眉龙的化石于 1939 年在中国 ( ) 峨眉山附近发现的。

A. 贵州省   B. 云南省   C. 四川省   D. 辽宁省

5. ( ) 是最早被命名的恐龙。

A. 巨齿龙   B. 扭椎龙   C. 腕龙   D. 禽龙

6. 建设气龙是一种 ( ) 恐龙。

A. 肉食性   B. 植食性   C. 杂食性

7. 脑袋小、脸部长、鼻孔长在眼眶上方的是 ( )。

A. 重龙   B. 梁龙   C. 雷龙   D. 超龙

8. 重龙又名重型龙、巴洛龙、( )。

A. 笨重龙   B. 超重龙   C. 巨龙

9. ( ) 因走路的时候能使大地震动而得名。

A. 重龙   B. 地震龙   C. 梁龙   D. 雷龙

10. 巧龙化石是在 ( ) 发现的。

A. 中国新疆准噶尔盆地   B. 美国墨西哥州   C. 南非开普敦   D. 英国伦敦

11. 腕龙与梁龙、重龙、地震龙一样是 ( ) 生活的。

A. 群居   B. 独居

12.1977 年发现于四川省的（　　）是我国目前发现最完整、也最稀有的肉食性恐龙化石。

A. 禄丰龙　B. 盘足龙　C. 沱江龙　D. 永川龙

13.（　　）代表了蜥脚类恐龙的一个演化支系，是较为进步的蜥脚类恐龙。

A. 超龙　B. 圆顶龙　C. 雷龙　D. 梁龙

14. 雷龙主要栖息于（　　）中。

A. 山谷　B. 沼泽与湿地　C. 河流　　D. 平原与森林

15. 嗜鸟龙最大的特征是（　　）。

A. 头顶上有一个小型头盖　B. 牙齿十分锋利　C. 具有超常的视觉能力

16. 角鼻龙头上一共长了（　　）角。

A. 四只　B. 三只　　C. 一只　D. 两只

17.（　　）是第一只在中国发现的蜥脚类恐龙。

A. 盘足龙　B. 永川龙　C. 小盗龙　D. 伤齿龙

18. 异特龙是最凶残的恐龙之一，它脑袋大、牙齿（　　）弯曲、前后肢长有利爪、尾巴粗长。

A. 向里　B. 向外

19.（　　）也叫秀颌龙、细颚龙，是目前人类所发现的恐龙中最细小的一种。

A. 莱索托龙　B. 鼠龙　C. 美颌龙

20. 鲸龙大约生活在 1.81 亿至 1.69 亿年前的（　　）和非洲。

A. 亚洲　B. 欧洲　C. 美洲　D. 大洋洲

侏罗纪
——称霸地球

侏罗纪时爬行动物迅速发展。恐龙的进化类型——鸟臀类的四个主要类型中有两个繁盛于侏罗纪，飞行的爬行动物第一次滑翔于天空之中。鸟类首次出现，这是动物生命史上的重要变革之一。恐龙的另一类型——蜥臀类在侏罗纪有两类最为繁盛：一类是肉食性恐龙，另一类是笨重的植食恐龙。

大椎龙

大椎龙属于地球上最早出现的以植物为食的恐龙之一。它的外形极不对称，头很小，但是脖子和尾巴却很长。它可以直立起来，能够到大树顶上的嫩芽和树叶。大椎龙的牙齿很小，可以咬碎树叶，与大多数恐龙一样无法咀嚼食物。当大椎龙化石被发现时，在它的肋骨笼内找到了一些小卵石。科学家们认为大椎龙吞下它们是为了帮助消化食物。胃石能将树叶磨碎成易消化的汁液，加快恐龙对营养的吸收。大椎龙的拇指特别大，上面长有长而弯曲的爪，主要是为了防御。在二三指的配合下，大拇指还可以抓握东西，剩余的两个指则又小又弱。

大椎龙全长4～5米，头小颈长。它用四足爬行，也可以站立起来采食。前肢上的"手"很大，可以用来捡取树叶。

大椎龙有一个鸟喙骨隆突

大椎龙的下颌像板龙一样有一个鸟喙骨隆突，这个鸟喙骨隆突与板龙的相比要浅平一些，但也能够控制附着在下颌的肌肉上。

大椎龙有一个罕见的突起上颌

幼年大椎龙

大椎龙的幼崽需要成年大椎龙保护。

大椎龙的拇指特别大，有抓握功能

大椎龙手绘图

用后腿站立起来采食

大椎龙有一个比较罕见的突起上颌，这可能说明其下颌骨末端的嘴喙部位是皮质的，但它与大椎龙的下颌前端存在牙齿的说法有冲突。大椎龙的颌部关节在上排牙齿的后方，牙齿很小，可以咬碎树叶，但咀嚼功能却不强。另外大椎龙上下颌都长着血管孔可以让血管通过，这表明它长有脸颊。

大椎龙是草食性恐龙，这是被人们所认可的，但也有的古生物学家根据出土的大椎龙化石骨架特征，认为大椎龙和其他类似的原蜥脚类恐龙应该属于肉食恐龙。这是因为大椎龙具有高而坚固的前排牙齿，且它的牙冠有锯齿边缘。另外一些古生物学家认为大椎龙应是杂食性恐龙，这是因为前面的牙齿可以用来撕咬肉类，而后方的牙齿可以用来咀嚼植物。

你知道吗？

在 1977 年，詹姆斯·基钦在南非金门高地国家公园发现了 7 颗 1 亿 9000 万年前的蛋化石，基钦鉴定他们极可能属于大椎龙。直到将近 30 年之后，才能将蛋化石中的 6 英寸大胚胎取出。它们是目前所发现最古老的恐龙胚胎。

大椎龙化石

大椎龙是在 1854 年由欧文根据来自于南非的化石而命名。因此它们是最早命名的恐龙之一。大椎龙的化石已经在南非、莱索托和赞比亚等地发现。

大椎龙

恐龙名称：大椎龙
拉丁文名：Massospondylus
生存时代：早侏罗纪，2 亿年前到 1 亿 8300 万年前。
食性：植食
恐龙种类：蜥臀目

群体活动的大椎龙

如同所有恐龙，大椎龙的许多生物学层面仍然未知，例如：行为、外表颜色、生理机能。但是近年的研究提出了关于生长模式、食性、步态、繁衍和呼吸等方面的假设。

69

梁 龙

进食中的梁龙

梁龙头颅骨的眶前部分较长，可以吃较长的树枝。下颚的后移动作可以帮助增大口腔，及微调牙齿的位置，以容许顺畅的摄食动作。

梁龙

梁龙的身体可达27米长，当中6米是颈部。

梁龙有极长的尾巴，由80节尾巴脊骨所组成。

梁龙的生长率

根据一些骨头的组织学研究，梁龙的生长率在蜥脚下目中非常快，只需约十年的时间就可以达到性成熟，且在整个生命中不断地生长。

梁龙是目前发现的陆地上最长的动物之一，比雷龙、腕龙都要长。虽然看起来体型很庞大，但是由于脖颈和尾巴很长，身体很短，所以体重并不重。梁龙脖子虽长，但由于颈骨数量少，所以梁龙的脖子并不灵活也不能自由弯曲。梁龙和腕龙、雷龙有一个共同点，它们的鼻孔都是长在头顶上的。

马门溪龙是脖子最长的恐龙，要说尾巴最长的恐龙那一定是梁龙了。梁龙全长27米，是目前已知恐龙中体长最长的。由于背部骨骼较轻，使得它的身躯瘦小，体重只有十几吨，它的体重远不如马门溪龙。它的牙齿长在嘴的前部，而且很细小，这就导致了它只能吃一些柔嫩的植物。它的长尾巴可以用来抵御敌人，也可以赶走所到之处的其他小动物。梁龙在进食的时候，尾巴是不断抽动的。

梁龙属于大型草食恐龙，它脖子长7.8米，尾巴13.5米。虽然梁龙体型巨大，但是它的脑袋却很小巧。鼻孔长在头顶上，嘴的前部长着扁平的牙齿，嘴的侧面和后部则没有牙齿。梁龙的前腿比后腿短，每只脚上有五个脚趾，其中的一个脚趾长着爪子。动作迟钝，走路缓慢。

最令人意想不到的是梁龙不做窝，它们一边走路一边生小恐龙，所以发现的恐龙蛋成一条长长的线，当然梁龙是不会照顾幼崽的。梁龙的脑袋非常小，所以它有点蠢笨。梁龙和其他草食动物一样，吃东西时，不会咀嚼，而是将树叶等食物直接吞下去。梁龙会受到一些大型肉食动物的威胁。

梁龙的体长等同于 20 位 10 岁左右的小朋友头脚相接地躺在地上的长度。梁龙的脖子细长，尾巴像鞭子，四条腿像四根柱子。梁龙的后腿比前肢稍长，所以它前肩低于它的臀部。从其头部到其巨大无比的尾巴顶梢，梁龙的身体由一串相互连接的中轴骨骼支撑着，这就是脊椎骨。梁龙的脖子是由 15 块脊椎骨组成，胸部和背部有 10 块，而细长的尾巴内竟有大约 70 块！虽然梁龙体型庞大，但是体重却不是很重。它完全可以用脖子和尾巴的力量将自己从地面上支撑起来。

面对敌人时，梁龙也有自己的"武器"。它的尾巴就是最好的武器，甩动尾巴来鞭打敌人，迫使进攻者后退；或者是用后腿站立，用尾巴支持部分体重，用自己巨大的前肢来自卫。这是因为梁龙前肢内侧脚趾上有一个巨大而弯曲的爪，而且锋利无比。为了减轻身体的负担，梁龙的脚下也许会生有能将其脚趾垫起来的脚掌垫。有了它，梁龙走起路来就舒适多了，也不会感到很吃力。

在恐龙公园中，个子最大的要属梁龙了。令人想不到的是它们只有十几吨重，比它们个头小许多的恐龙往往比它们重上好几倍。这是因为，梁龙的骨头构造非常特殊，不但骨头里边是空心的，而且还很轻。所以，梁龙看起来很庞大实际上它的体重却很轻。

梁龙科恐龙

所有的梁龙科特征都是长颈及长尾巴，水平的姿势，前肢较后肢短小。梁龙科生活于侏罗纪晚期的北美洲。

梁龙的骨骼模型

梁龙是非常著名的恐龙，这是由于发现了大量骨骼化石及过往被认为是最长的恐龙。事实上最为人熟悉的原因是在差不多一个世纪前，梁龙的骨骼模型就已经在世界各地展览。

树林中的梁龙

恐龙名称：梁龙

拉丁文名：Diplodocus

生存时代：生活于侏罗纪末，可追溯至 1 亿 5000 万至 1 亿 4700 万年前。

食性：植食

恐龙种类：蜥臀目

你知道吗？

梁龙总科包含了梁龙科、叉龙科、雷巴齐斯龙科、春雷及双腔龙，或者亦包含了简棘龙及纳摩盖吐龙科。这个分支是圆顶龙、腕龙科与巨龙科及大鼻龙类的姊妹分类。这些分支组合成为新蜥脚类，是蜥脚形亚目下分类最多及最成功的恐龙。

圆顶龙

圆顶龙英文名的含义是"带着小房间的爬行动物"，属于植食性恐龙，生活在侏罗纪晚期的北美，体长可达 20 米，体重可达 20 吨。

圆顶龙有小而长的脑袋，扁扁的鼻子。牙齿长得像勺子一样，当磨损坏了时，还能长出新的牙来代替旧牙。圆顶龙有粗壮的腿，每只脚有五个脚趾，在中趾上长着锋利的爪子。后腿比前腿长一些。圆顶龙过着群居生活。圆顶龙与梁龙一样是不做窝的，它们一边走路一边小恐龙，生出的恐龙蛋会形成一条线。圆顶龙会照顾自己的幼崽。它们的脑袋也很小，所以智商不是很高。圆顶龙属于草食动物。进食时，只是将食物吞下去，不会咀嚼。它的食物是蕨类植物以及松树的叶子。为了帮助消化，圆顶龙也会吞食一些石子，来帮助消化胃里坚硬的植物。圆顶龙的腿特别粗壮，可以稳稳地支撑起全身巨大的体重。

圆顶龙有一个很小的大脑，位于短而深的头骨内。但它的嗅觉却极为灵敏，能帮助它们远离危险。在它的眼睛前部，长有两只巨大的鼻孔，位于头顶上方。圆顶龙的大牙齿长得像凿刀，用来啃断坚硬的树叶树枝。圆顶龙的时间都花在了觅食上，它们

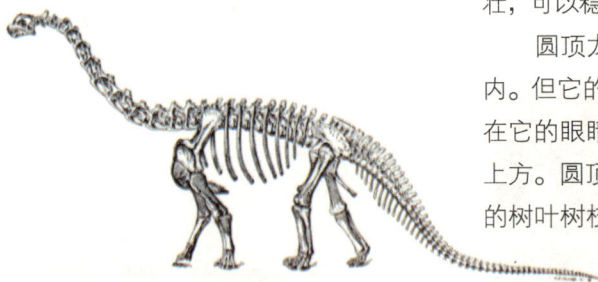

圆顶龙是蜥脚下目恐龙

圆顶龙是已经灭绝的蜥脚类恐龙。它们是北美洲最常见的大型蜥脚下目恐龙，但成年体型只有约18米长体重18吨。

圆顶龙骨骼图

圆顶龙的一些脊骨是空心的，这是为了减轻它的体重。颈椎有 12 节，颈部肋骨互相重叠，使颈部更为硬挺。

圆顶龙

头颅骨短而高，呈方形；鼻端有大型洞孔；眼眶位于头部后方。

从一个灌木丛搜寻到另一个灌木丛，这是因为它们需要许多能量来支撑庞大的身躯。圆顶龙的大脚分担了它的体重。在圆顶龙前脚上长着一个长而弯曲的爪，这是击退敌人的利器。

圆顶龙属于腕龙的一个分支，身材虽然没有腕龙大，但是体格极为粗壮、结实。与梁龙、雷龙等的小头不同，圆顶龙有个比较大的头部。圆顶龙的脖子要比其他同类恐龙短得多，尾巴也要短一截，所以显得更加敦实。它的头骨较大，有浑圆的头顶，吻部短钝。嘴里的牙齿排列得很密。鼻孔长在眼眶的前上方，它的鼻腔巨大，这说明它嗅觉灵敏。脊椎骨是空心的，这就大大减轻了体重。虽然看似笨拙，但是可以站立起来，吃到高处的树叶。

群体活动的圆顶龙

1997年美国堪萨斯大学自然历史博物馆展示了两个圆顶龙的成年标本，有假设认为它们是在河畔休息时，被泛滥的河流所冲刷、掩埋的。这个集体死亡的化石纪录，显示圆顶龙是以群体（或至少是以家庭）为单位行动的。

可爱的圆顶龙模型

你知道吗？

圆顶龙的脊髓在臀部附近扩大。古生物学家原先相信这可能是第二个脑部，用来调节身体动作。现在的意见指虽然在这个位置上可能有着很多的神经，但却不是脑部。这个扩大了的地方比起它头颅骨内的脑部却大很多。

圆顶龙复原图

恐龙名称：圆顶龙
拉丁文名：Camarasaurus
生存时代：侏罗纪晚期
食性：植食
恐龙种类：蜥臀目

近蜥龙

觅食中的近蜥龙

在侏罗纪早期，近蜥龙生活的地区气候温暖，它在湖边活动并寻找食物。在气候较干燥时，湖的边缘会露出淤泥，近蜥龙从上面经过时就会留下足迹，这些足迹被泥沙迅速掩埋之后就可能形成足迹化石。

近蜥龙是一种极为小型的二足奔跑的原蜥脚类恐龙。1973年，中国贵州省108地质小队，挖掘到一具中国近蜥龙的不完整骨架。虽然骨骼不完整，但是头骨化石却完整地保存下来。经过推算，这种恐龙大约有1.7米长。

近蜥龙长着一个近似于三角形的脑袋，一个细长的鼻腔。它的脖子、身体和尾巴都显得比较长，它那又长又窄的前肢掌上长着大爪子，可以自由弯曲，很可能是用来挖掘植物的地下根茎的。近蜥龙的前肢比较短，只有后肢长度的1/3，所以，它很可能像板龙一样，经常是四足行走，但是也能够靠后肢站立起来。

近蜥龙的前额部分的斜面也相对平缓。在它的上下颌长满了牙齿，这些牙齿排列紧密，这也表示近蜥龙属于是草食性恐龙。目前，关于近蜥龙是否存在脸颊还有诸多有争议：一部分古生物学家认为近蜥龙不存在脸颊，这有利于它摄取和大口吞食食物；那些认为近蜥龙存在脸颊的主要依据来源于解剖学知识，因为脸颊可以方便近蜥龙留住食物。

近蜥龙走路时身体是前倾的，这是因为前半身较重。从它的颈部、身躯以及发育良好的前肢可以看出，近蜥龙通常是以四肢行走，而且行动十分敏捷。短而强健的前肢会支撑着胸部、颈部和头部，而且它在采用四足行走时，会把前肢拇指的爪提起，以免与地面摩擦而受到伤害。在某些特殊情况下，近蜥龙也会以两足行走。

近蜥龙与女性对比图

近蜥龙大约1.7米长，高度还没有人类女性高。

近蜥龙

恐龙名称：近蜥龙
拉丁文名：Anchisaurus
生存时代：侏罗纪早期
食性：植食
恐龙种类：蜥臀目

你知道吗

研究足迹化石可以得知，当时与近蜥龙生活在同一个区域的，有不具备攻击性的鸟脚类恐龙和肉食性的兽脚类恐龙。真正对它构成威胁的便是那些大型的兽脚类恐龙。近蜥龙一旦遇到它们，它可能就会依靠后肢急忙走开。如果实在躲闪不开，它就只能依靠它的大爪奋力一搏了。

双脊龙

双脊龙与腔骨龙很相似

双脊龙与腔骨龙的上颌部都有转折区间，前后齿列间也都有缺口。科学家们认为这两种恐龙有密切的亲缘关系，但双脊龙的体型较大，而且生存于侏罗纪早期，晚于腔骨龙约数百万年。

双脊龙是侏罗纪早期恐龙。双脊龙长达6米，站立时头部高约2.4米。双脊龙最大的特点就是头顶上长着两片大大的骨冠，故名双脊龙。它的前肢短小，行动敏捷，善于奔跑，是侏罗纪早期的肉食性恐龙，鼻嘴前端特别狭窄，柔软而且灵活，方便它们从矮树丛中或石头缝里将那些细小的蜥蜴或其他小型动物衔出来吃掉。

双脊龙与后来的大型肉食性恐龙相比，它的身体就显得比较"瘦弱"了，但是它们速度快、动作敏捷。口中长满利齿，可以捕杀某些大个子的草食性恐龙。但是，也有些专家提出了疑问，说它只是一种食腐类恐龙。

由于身体"瘦弱"，双脊龙的整个身体骨架就显得非常细。它的头部有两块骨脊，呈平行状态。头骨上的眶前窗比眼眶还要大。它的下颌骨比较狭长，上下颌分布着锐利的牙齿，但上颌的牙齿比下颌的牙齿还长。双脊龙的后肢相对较长，其中耻骨占了很大的比例。

一些古生物学家认为，头冠大的双脊龙地位可能比较高，在族群中占有较大的地盘，而且拥有优先和雌性恐龙交配的特权。但是并没有确切的证据。

从双脊龙的形态上可以看出，它能够飞速地追逐猎物。比如全力冲刺追逐一些小型、稍具防御能力的鸟脚类恐龙，或者那些体形较大、行动缓慢的蜥脚类恐龙，如大椎龙等。在成功捕捉到猎物后，它可以用长牙撕咬猎物，同时挥舞脚趾和手指上的利爪去分割猎物。

双脊龙

恐龙名称：双脊龙
拉丁文名：Dilophosaurus
生存时代：侏罗纪早期
食性：肉食
恐龙种类：蜥臀目

你知道吗

双脊龙多次出现在大众文化之中，最著名的是在电影《侏罗纪公园》（Jurassic Park）中被描述为会喷毒液的恐龙。此外还有众多的电玩游戏。但这些作品中的双脊龙有很大的错误。

双脊龙有独特的头冠

双脊龙的头上有圆而薄的头冠。有的古生物学家认为其头冠是雄性双脊龙争斗的工具。但是经考证，双脊龙的头冠是比较脆弱的，不太可能用于打斗。

雷 龙

雷龙

恐龙名称：雷龙
拉丁文名：brontosaurus
生存时代：侏罗纪中晚期
食性：植食
恐龙种类：蜥臀目

迷惑龙可能是所有恐龙种群中最受欢迎的，曾经广为人知的名字是雷龙，但是一些原因使它失去了这个名字。迷惑龙的得名是因为古生物学家发现了一块非常大的恐龙胫骨，有许多未知的特征令研究者迷惑，1897年被命名为 Apatosaurus，原意就是迷惑的意思。

之后，1883年另一群研究者发现了几个零碎的恐龙骨骼化石，并推测出这个恐龙体型巨大，在行进时会发出雷声隆隆的声音，所以取名雷龙。但是根据后续发现的其他化石证明迷惑龙与雷龙属于同一种恐龙。但是依据古生物学的命名优先权，由于迷惑龙命名在先，所以取消雷龙的名称，正式命名为迷惑龙。

雷龙是大型草食恐龙，重约40吨，

一般的成年雷龙

雷龙全长21米，髋部高4.5米，重约35吨。它们喜欢群体活动，当一大群雷龙从远处走来时，一定是尘土蔽日响声如雷。这就是它名称的由来。

生活在水边的雷龙

雷龙一般都生活在水源附近，它需要大量的水来支撑它庞大的身躯和生存。

卡通雷龙

当初的雷龙复原图并不准确，长脖子的顶端生着圆顶龙似的头骨，这是因研究疏忽大意而失误，错将圆顶龙的头骨装到了雷龙的骨骼上。

体长可以达到 24 米。雷龙四肢粗壮，脚掌宽大，脚趾短粗，前脚上有 1 个发达的瓜子，后脚上有 3 个发达的爪子。雷龙之所以家喻户晓，是因为美国一家石油公司耗费巨资，用它的复原形象做广告，从而被世人所牢记。

雷龙的头颅骨是在 1975 年首次发现的。后来，经进一步的调查核实，恐龙专家们终于弄清楚了雷龙头骨的真相。雷龙的头骨与梁龙的头骨十分相似，较为低长，侧面看上去呈三角形，吻端很低，只有一个鼻孔，且位于头的顶端。雷龙口中的牙齿较少且呈棒状，就好像铅笔头。

头小身子大的雷龙，一定需要大量的食物，它们几乎一整天都在寻找食物。雷龙也会吞食石子，来帮助消化食物。食物从长长的食管一直滑落到胃里，在那儿这些食物会被它吞下的鹅卵石磨碎。雷龙是恐龙中体型最大的一种，有的身长可以达 30 米，有 6 层楼那么高。一般在恐龙博物馆都可以见到雷龙骨骼化石。

脖子 6 米长，实际上比休躯还长

雷龙彩绘图

尾巴大约长达 9 米

你知道吗？

由于一般大众较为熟悉的是马什最初命名的雷龙，而非迷惑龙，加上雷龙"最大型恐龙之一"的盛名，雷龙长期以来成为最广为人知的蜥脚类恐龙之一。一般大众常使用雷龙、雷龙类、雷龙下目来称呼任何一种蜥脚类恐龙。

雷龙模型

头小身子大的雷龙，平时要花大量的时间来觅食，而且说不定是狼吞虎咽。

马门溪龙

马门溪龙是中国目前发掘的最大的蜥脚类恐龙，因模式种发现于中国四川宜宾马门溪而得名。它全长22米，体躯高达将近4米。它的颈特别长，相当于体长的一半，不仅构成颈的每一颈椎长，且颈椎数多达19个，在蜥脚类恐龙中属于最多的一种。另外，颈肋也是所有恐龙中最长的，最长颈肋可达2.1米。与颈椎相比，背椎12个、荐椎4个及尾椎35个相对较少了。而且各部位的脊椎椎体构造也不相同：颈椎为微弱后凹型，腰椎是明显的后凹型，前尾椎则相反是前凹型，后尾椎是双平型，前部背椎神经棘顶端向两侧分叉，而背椎的坑窝构造不会发育，4个荐椎虽全部愈合，但最后一个神经棘顶端部分分离。

觅食中的马门溪龙

马门溪龙的脊椎骨中有许多空洞，因而相对于它庞大的身躯而言，马门溪龙头部显得十分小巧。

行进中的马门溪龙

恐龙名称：马门溪龙
拉丁文名：Mamenchisaurus
生存时代：侏罗纪晚期，约1亿6000万年前至1亿4500万年前。
食性：植食
恐龙种类：蜥臀目

马门溪龙属最著名的两个种：一个是发现于四川宜宾的建设马门溪龙，另一个是发现于四川省合川县和甘肃永登的合川马门溪龙。在蜥脚类演化史上马门溪龙属于中间过渡类型，为蜥脚类恐龙繁盛时期（距今1.4亿年的晚侏罗纪）的早期种属，在侏罗纪晚期全部灭绝。

2006年8月26日，科学家在新疆奇台县挖掘出一具恐龙化石。经过研究发现这具蜥脚类草食性恐龙化石属于马门溪龙，身体总长度为35米，比中加马门溪龙长5米。最令人惊奇的是，这条恐龙仅脖子就长达15米，是目前已知的脖子最长的恐龙。

中科院古脊椎动物与古人类研究所高级工程师、新疆恐龙发掘现场总指挥王海军确认发掘的这具恐龙化石，已经取代中加马门溪龙成为新的"亚洲第一龙"。

马门溪龙有一个长脖子和小脑袋

马门溪龙的脖子由长长的、相互叠压在一起的颈椎支撑着，因而十分僵硬，转动起来十分缓慢。它脖子上的肌肉相当强壮，支撑着蛇一样的小脑袋。

马门溪龙嘴部特写

恐龙生活的地区覆盖着广袤的、茂密的森林，到处生长着红市和红杉树。马门溪龙穿越森林，用它们小的、钉状的牙齿啃吃树叶，以及别的恐龙够不着的树顶的嫩枝。

马门溪龙骨骼化石

马门溪龙的第一具化石是在 1952 年，于四川省宜宾的马鸣溪渡口旁的公路建设工地上发现。这个骨骼在 1954 年被中国古生物学家杨钟健命名为马鸣溪龙。但由于研究人员的口音问题，被误作为马门溪龙。

你知道吗？

马门溪龙的头部类似梁龙，牙齿呈匙状，但与梁龙不同的是它们的牙齿布满嘴里，而梁龙的牙齿仅分布于嘴部前端。它们的四肢几乎一样长。马门溪龙具有很长的颈部，长度在 8 到 11 米左右，颈部下方有很长的肋骨，颈椎数目在 19 节左右，远超越其他蜥脚类的颈椎数目。

牙齿呈钉状

马门溪龙

颈肋是所有恐龙中最长的（最长颈肋可达 2.1 米）

体长可达 22 ~ 26 米

蛇颈龙

蛇颈龙是种大型的海生爬行动物，属于鳍龙超目，生活在早期的侏罗纪，身长 3～5 米。蛇颈龙化石是在德国与英国的里阿斯统发现的，而且是保存完整的骨骸。蛇颈龙最大的特点是小头、细长的颈部、像乌龟般宽阔的身体、短尾巴，还有两对大且细长的鳍状肢。

蛇颈龙是由玛丽·安宁发现的，而且是首批被发现的大洪水爬虫类之一，它由 WilliamConybeare 命名为蛇颈龙，意为"接近蜥蜴"，意思是它比鱼龙还接近现代蜥蜴，鱼龙的化石比蛇颈龙发现得要早，而且是在早几年在相同的地点发现的。

蛇颈龙的口鼻部很短，但它的嘴巴可以张得很大，下颌里长有许多圆锥状牙齿，与现在的恒河鳄很相似。颈部相当细长，但因为与脊椎骨很紧密地连接在一起，所以它的颈部相当不灵活。因此蛇颈龙可能无法像许多重建图里那样，有像天鹅般弯曲的颈部。除了颈部以外其他的部位与脊椎骨也是很紧密地连接在一起的，并且蛇颈龙没有荐骨。肋骨是呈单头式，两对鳍状肢之间的腹部肋骨排列得相当紧密。短小的尾巴笔直且为椎状。

支撑鳍状肢的肩带与骨盆扩张很大，胸弧与类似乌龟身上相对应的骨头。脚部是细长的鳍状肢，有五个完整的脚趾，每个脚趾由相当大的趾骨组成。从一些皮肤化石可以推断它的鳍脚是平滑的，而并非长满鳞片的。

蛇颈龙母子

短颈型蛇颈龙又叫上龙类。这类动物脖子较短，身体粗壮，有长长的嘴，所以头部较大，鳍脚大而有力，适于游泳。

样子恐怖的蛇颈龙

恐龙名称：蛇颈龙
拉丁文名：Plesiosaurus
生存时代：侏罗纪
食性：肉食
恐龙种类：鳍龙目

蛇颈龙头部特写

在海洋中，蛇颈龙并不是最强的王者。

蛇颈龙属于海生动物,食物以鱼或其他猎物为主。蛇颈龙以U形的嘴部捕食猎物。它们靠两对鳍脚推动身体,无法依靠尾巴推动身体前进。蛇颈龙在水中游泳时,它的颈部可以控制方向。目前的资料还无法确定蛇颈龙是否爬上海岸产卵,就像现代的海龟;或是直接在海水中分娩生出幼体,就像海蛇一样。

海洋中的蛇颈龙

发现于澳大利亚的蛇颈龙,身长15米,嘴里上下长满了钉子般的牙齿,大而尖利,呈犬牙交错状,凶猛无比。

蛇颈龙的外形特征

蛇颈龙的外形像一条蛇穿着一个乌龟壳:头小、颈长、躯干像乌龟、尾巴短。头虽然偏小,但口很大,口内长有很多细长的锥形牙齿,捕鱼为生。

你知道吗?

经过研究,科学家在一些蛇颈龙胃部的化石中发现了小石头,它们可能为了使自己在水中游动而吞下石头来增加体重。据科学家估计一只成年蛇颈龙的总重量为1000千克,是一个成年人体重的14倍。

蛇颈龙

头部偏小

脖子极度伸长,活像一条蛇

鳍脚犹如四支很大的划船的桨,转动灵活

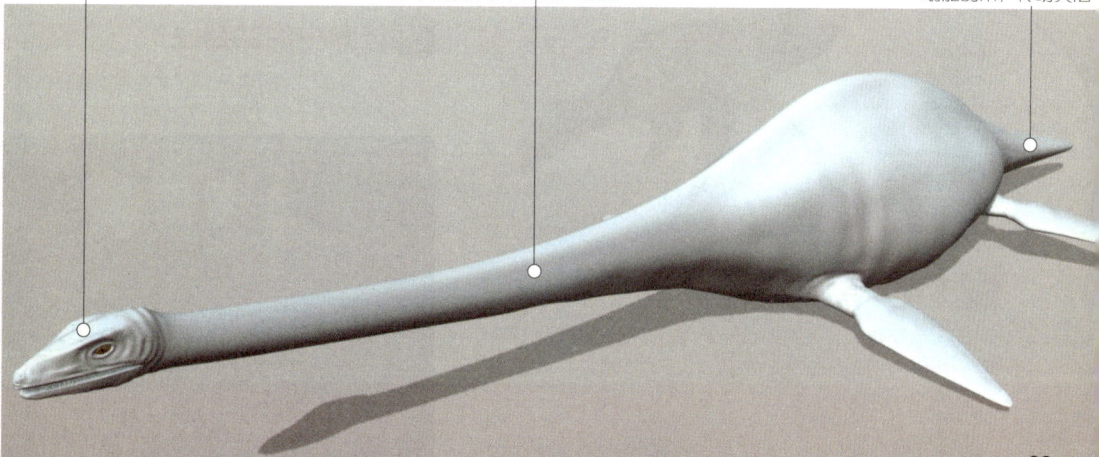

盐都龙

盐都龙是杂食性恐龙，活跃于中生代早期的侏罗纪，化石发现于中国四川。

盐都龙是一类小型的比较原始的鸟脚类恐龙，它的体长1～3米，因首个标本发现于中国的"千年盐都"四川省自贡市而得名。它的头部较小，但是短而高。嘴巴也比较短，在牙齿的齿冠边缘有锯齿。眼睛大而圆，前肢较短，长度不及后肢的二分之一，是比较典型的两足爬行动物。后肢肌肉发达，小腿特别长，奔跑速度快。

研究动物速度的专家发现，动物的小腿骨（胫骨）与大腿骨（股骨）的长度比值可以显示该种动物的运动速度。比如，竞技比赛里的赛马速度就比较快，其比值可以达到0.92；善于负重，行走不快的大象，其比值为0.60；现生动物界的快跑能手羚羊，比值可以达到是1.25。这项研究表明，动物的胫与股比值越大，即胫骨较长，其奔跑速度就较快。用这个理论研究盐都龙，我们发现盐都龙的胫与股比值达到1.18，所以盐都龙是一类特别善于奔跑的恐龙，其奔跑速度甚至超过了今天的鸵鸟，堪称恐龙公园中的"羚羊"。

盐都龙

恐龙名称：盐都龙
拉丁文名：Yandusaurus
生存时代：侏罗纪早期
食性：杂食
恐龙种类：鸟臀目

你知道吗？

侏罗纪时发生过一些明显的地质、生物事件。最大海侵事件发生于晚侏罗纪晚期，与联合古陆分裂和新海洋扩张速率增强事件相吻合。环太平洋带的内华达运动也在同一时期，这可能显示联合古陆增强分裂与古太平洋板块加速俯冲事件之间存在着某种联系。

进食中的盐都龙

盐都龙属于两脚行走和善于快跑的小型恐龙。常群居生活于湖岸平原，以食植物为主，兼食其他小动物。

盐都龙复原图

盐都龙是一类奔跑灵活、两足行走的小型鸟脚类恐龙，体长1～3米。其头小，吻短，眼眶大而圆。

角鼻龙

角鼻龙

恐龙名称：角鼻龙
拉丁文名：Ceratosaurus
生存时代：侏罗纪晚期
食性：肉食
恐龙种类：蜥臀目

角鼻龙是一类特殊的恐龙。不论现在的哺乳动物还是古代的肉食恐龙身上，都很少发现有"角"生物存在。而这个凶猛的角鼻龙的鼻子上竟然长有一支尖刺，这是辨认角鼻龙最简便的方法。不过以体形来说，角鼻龙只能算做是中型的肉食恐龙而已。

在侏罗纪晚期，生活着这样一群肉食恐龙，从外形上看，它与其他的肉食性恐龙没有太大的区别，都是大头，粗腰，长尾，双脚行走，前肢短小，上下颌强健，有一嘴尖利且弯曲的牙齿。与其他恐龙不一样的是它的鼻子上方却生有一只短角，位于两眼的前方也有类似短角的突起，这可能就是它被称为角鼻龙原因。除此之外，从背脊直到尾部还分布着小锯齿状棘突。

恐龙大都生活在河流湖泊纵横的地方，它们离不开水。那么，恐龙都会游泳吗？答案是否定的。专家研究发现只有部分恐龙会游泳。有些蜥脚类恐龙在逃避肉食恐龙的追击时会进入河流中躲避。但是他们只能做一些简单的游泳动作。

据古生物学家推测，绝大多数肉食恐龙不喜欢在潮湿的地方生活，它们大多活跃在比较干燥的地方，相信角鼻龙也是如此。

角鼻龙与异特龙、蛮龙、迷惑龙、梁龙及剑龙生存在相同的时代与地区。角鼻龙的体型较异特龙为小，角鼻龙的身长只有 6～8 米长，2.5 米高，体重 500 千克到 1 吨；而异特龙身长约 9 米，最多可成长至 12 米。角鼻龙可能有着与异特龙完全不同的生态位。

远古角鼻龙

角鼻龙的背部中线，有一排皮内成骨形成的小型鳞甲。尾巴相当长，将近身长的一半。尾巴窄而灵活，神经棘高。

长有短角的角鼻龙

角鼻龙鼻子上方生有一只短角，两眼前方也有类似短角的突起，这可能就是它被称为角鼻龙的原因。

弯龙

弯龙骨骼化石

弯龙属很可能是禽龙科及鸭嘴龙科祖先的近亲，体型比同时代的橡树龙、德林克龙、奥斯尼尔洛龙更大。

弯龙意为"可弯曲的蜥蜴"，生活于侏罗纪晚期的北美洲与英国，是一属草食性、有喙状嘴的恐龙。当弯龙以四足爬行时，身体会成为一个拱形，所以命名为弯龙。

最大的成年弯龙有9米长，臀部高达2米，体重约有1吨。虽然从身体构造来看它们属于笨重类型的恐龙，但是从化石足迹来判断，它们除了以四肢来行进外，还可以用双足步行。从化石分析，弯龙属很有可能与禽龙及鸭嘴龙科祖先有着紧密的关系。弯龙可以用鹦鹉般的喙嘴来吃苏铁科植物。叶状牙齿，位于嘴

部后段，拥有骨质次生颚，这就保证了他们在进食时可以顺畅地呼吸。灵动的颌部关节，保证颊部可以前后移动，上下颊齿会产生研磨的动作。比较奇特的是眼窝中有块眼睑骨罕见地横突着。

和其他的鸟脚类恐龙相似，弯龙的脊椎骨神经棘的筋腱呈交错形态，可以协助强化脊柱。荐椎有5~6节。弯龙与禽龙相似，它的每节荐椎间都有特殊的桩窝关节，可以起到强化脊柱的作用。

在弯龙的手部有五根指头，前三根有指

爪。与禽龙的笔直尖爪不同，弯龙拇指的最后一节是马刺状的尖状结构。

从弯龙化石足迹可以看出，在弯龙的手指间没有肉垫相连，这点与禽龙也不相同。数根腕骨互相固定，可以强化手部结构来支撑身体的重量。弯龙的第一趾爪比较小，可以向后反转不触地。

弯龙

弯龙体形庞大，与禽龙极为相似，头骨小，前肢短，后肢长，可四足行走。弯龙是禽龙的近亲。

弯龙

恐龙名称：弯龙
拉丁文名：Camptosaurus
生存时代：侏罗纪末至白垩纪初期
食性：植食
恐龙种类：鸟臀目

你知道吗？

弯龙除了以四肢来步行外，亦能够以双足步行。科学家参考其他禽龙类，推测弯龙的行走速度为每小时25千米。

地震龙

地震龙

恐龙名称：地震龙
拉丁文名：Seismosaurus
生存时代：1亿5600万～1亿4500万年前，侏罗纪晚期
食性：植食
恐龙种类：蜥臀目

地震龙的拉丁文名的含义是"地震蜥蜴"。乍看起来与梁龙很相像，但与梁龙不同的是，地震龙的尾巴更长。根据推算，它的尾巴长度至少有3.5米，甚至可以达到4米。

地震龙的脑袋很小，脖子很长，还有一条细长的尾巴。鼻孔长在头顶上。它的头部和嘴巴都很小，在嘴的前部拥有扁平的圆形牙齿，后部没有牙齿。地震龙的后腿比前腿长些。它的每只脚上有5个脚趾，而且在其中的一个脚趾长着爪子。地震龙采用四足爬行的方式前进，行动迟缓。地震龙喜欢群体生活，属于草食动物，进食时不会咀嚼，而是将树叶整个咽下去，一口也不嚼。大型肉食性恐龙捕食地震龙。地震龙被认为是最大的恐龙，但有部分科学家认为已发现的地震龙化石实际上是属于一只长得过大的梁龙。地震龙是目前世界上公认的最长的恐龙。

依据目前发现的恐龙化石，地震龙是身材最大的恐龙，它的身长在39～52米，身高可以达到18米，体重达130吨。如果让2～3条地震龙头尾相接地站在一起，就可以从足球场的这个大门排到另一个大门。这样的庞然大物如果成群结队地在原野上行走，它每走一步都会使大地发生颤抖，就如同地震一样。这就是"地震龙"的名称来源。

地震龙复原图

地震龙最早是 1979 年在美国新墨西哥州发现的，时代为侏罗纪晚期。已经发现的化石有尾、背部、臀部和后肢。

你知道吗？

在 2004 年美国地质协会的年度会议上，地震龙被重新归类于梁龙属。许多作者认为许多地震龙的明显特征其实是病变，也可能是脊椎错置的结果。

群体活动的地震龙

地震龙的脖子又细又长，尾巴像鞭子，四条腿像柱子一般。地震龙的后腿比前肢稍长，所以它的臀部高于前肩。

超 龙

超龙是 1972 年在美国科罗拉多州所发现的少数超大型骨头化石的昵称。由于没有完整的骨骼化石，超龙从没有被正式命名或者作科学性描述。这些散落的零星的骨头化石，包括了 1.8 米宽的骨盘，2.5 米长的肩胛骨以及 3.1 米长的肋骨，一些古生物学者根据这些化石推算超龙可能长达 27 米，而且体重可以达到 68 吨，另外一些专家估算它的体型可能更长，体重可达到 90 吨。由于没有完整的超龙化石，这些估算都是不准确的。

但是有一点可以肯定，超龙它一定是个庞然大物，因为仅一节超龙的脊柱就可以长达 1.4 米！关于超龙的身份一直是个谜。其实，自从 20 世纪 80 年代中期开始，在美国的科罗拉多州已经发现一些身份不明、零碎的恐龙化石。

本来，这些零碎的化石没有引起人们的注意，但是它庞大的体积还是引起了一些专家独特的兴趣。因为只有一些零碎的化石，所以古生物学家无法通过正常的途径替超龙命名，所以，"超龙"这个名字至今没有被承认。

关于超龙的分类，古生物学家一直没有达成统一结果，有专家指出超龙并不是一种新物种，而是属于体型庞大的腕龙的分支，但是同样没有科学依据。

在怀俄明州发掘的超龙骨骼化石

在怀俄明州康弗斯县发现了一个新的、更完整的超龙化石，这个超龙化石昵称为"Jimbo"，目前存放在怀俄明恐龙中心。

超龙骨骼化石

超龙曾经被视为地球史上最庞大的生物，直至阿根廷龙被发现。

公园中的超龙模型

恐龙名称：超龙
拉丁文名：Supersaurus
生存时代：侏罗纪晚期（1亿4000万年前）
食性：植食
恐龙种类：蜥臀目

古生物学家根据现有的化石推测，超龙至少长 27 ~ 30 米。因为化石类似于腕龙而不是梁龙，所以我们估计超龙跟腕龙相似，而且相信体重比较重。推测体重可以达到 66 吨，甚至有人推测它重达 88 吨，这几乎是在陆地上生存的最大极限了。

如果超龙把头抬高可以达到五层楼（15 米）那样高。至于超龙的体重也是有研究价值的，因为这部分是关于恐龙的结构问题，所以可以用工程学来衡量。

以超龙推算的体重来计算，超龙每只脚要承受的重量为：66 吨除以 4，即一只 66 吨重的生物每只脚必须承受 16.5 吨的身体重量。这是相当惊人的重量，如果脚部结构不合理，脚部随时会被身体的重量压得粉碎。而且它也无法在地球上生存。

通过估算，我们认为在陆地上生存的，可以随意地移动的动物体重上限是 80 吨。所以，专家认为超龙体重不会超过 80 吨。不过，真正的答案还需要依据更多的恐龙化石才能确定。

被攻击的超龙

超龙可以说是特巨型的恐龙，和大部分长颈素食恐龙一样属于蜥脚类。

发掘的超龙化石

展览馆展出的一块超龙化石。

你知道吗？

有古生物学专家指出超龙属于独立的品种，和现已发现的恐龙并不相同。但由于证据不足，一切争论至今仍未有定案，所以我们并不能百分百地确认超龙的真正身份。

超龙

超龙长 27 ~ 30 米

每只脚要承受差不多 16.5 吨的身体重量

蜀 龙

行进中的蜀龙

蜀龙因发现于中国四川而得名。

蜀龙属于大型恐龙

蜀龙体型庞大，与梁龙和雷龙的体型相近。

蜀龙是一种独特的蜥脚类下目恐龙，生存于中侏罗纪约1.7亿年前的中国四川省，它的化石发现于四川省自贡市大山铺的下沙溪庙组。它的名称就来自于四川省的古名蜀。在自贡市大山铺的下沙溪庙组还发现了其他恐龙化石。与蜀龙一起生存于同一块陆地上的恐龙还有很多，例如：可能属于鸟脚下目的晓龙，蜥脚类的酋龙、峨嵋龙、原颌龙、肉食性的气龙和早期剑龙类的华阳龙。

蜀龙体长达12米，高3.5米，头不是很大，脖子较短。它的前肢略长，后肢粗壮。牙齿呈钉耙状排列，边缘没有锯齿，以低矮树上的嫩枝嫩叶为食，蜀龙拥有短且纵深的头颅骨，鼻孔位在口鼻部偏低的地方，有相当结实的牙齿。蜀龙有12节颈椎、4节荐椎、43节尾椎、13节背椎，而且有些尾椎的形状类似人字形，与较晚出现的梁龙相似。

1989年，研究人员发现蜀龙的尾巴末端拥有尾棒，主要是用来击退敌人。蜀龙的身体笨重而且行动迟缓。为了防御敌人，蜀龙尾部的最后四个尾椎演化成棒状的"尾锤"。当遇到敌人时，它可以立即挥舞这个坚硬的骨质尾锤击打敌人。当遇到生死搏斗时，尾锤也是它保命的手段。

蜀龙是在1983年被

蜀龙

恐龙名称：蜀龙
拉丁文名：Shunosaurus
生存时代：侏罗纪中期
食性：植食
恐龙种类：蜥臀目

首次叙述的，到目前为止已经发现了超过20个蜀龙骨骸，最难能可贵的是其中数个是完整或接近完整的骨骸，以及少数保存下来的头颅骨，使蜀龙成为蜥脚下目中生理结构最清楚的恐龙之一。蜀龙的模式种是李氏蜀龙，由周世武、董枝明、张奕宏等人在1983年所叙述。而第二模式种是自流井蜀龙，由于没有完整的化石标本，状态仍是无资格被命名。在中国四川省自贡市的自贡恐龙博物馆你就可以看到蜀龙的骨骼化石。

蜀龙属于蜥脚下目恐龙

蜀龙被分类为一种基础蜥脚下目恐龙。它们与澳大利亚昆士兰州的瑞拖斯龙有紧密亲缘关系。

你知道吗？

侏罗纪是恐龙的鼎盛时期，在三叠纪出现并开始发展的恐龙已迅速成为地球的统治者。各类恐龙济济一堂，构成一幅千姿百态的龙的世界。当时除了陆上的身体巨大的雷龙、梁龙等，水中的鱼龙和飞行的翼龙等也大量发展和进化。

四足行走的蜀龙

蜀龙属于侏罗纪较常见的一类恐龙。

蜀龙复原图

脊椎构造简单

后肢明显长于前肢，四足行走

头骨高长适中

巴洛龙

巴洛龙属于草食性恐龙

巴洛龙是典型的"素食主义者"。

巴洛龙

恐龙名称：巴洛龙
拉丁文名：Barosaurus
生存时代：侏罗纪晚期
食性：植食
恐龙种类：蜥臀目

进食中的巴洛龙

巴洛龙的长颈便于它吃到高处的植物。

巴洛龙，又译"重型龙"，属名意思是"笨重的蜥蜴"，在侏罗纪晚期出现。其化石是1912年美国化石采集家厄尔·道格拉斯在美国犹他州的卡内基采掘场发现的。

巴洛龙的近亲是梁龙，二者有很多相似的地方，两者的身躯都很长，站立时身体的最高点都位于臀部；二者的区别在于颈部和尾巴的比例不同，巴洛龙的尾巴比例上较短，身体的平衡由极细长的颈部来控制，颈部长达9米，使得它几乎成为北美洲最高的恐龙。

遗憾的是自巴洛龙被命名以来，人们一直没有发现它的头部化石。这就为巴洛龙的模型塑造带来了困难。科学家们在制作巴洛龙的模型时，通常把头部塑造成长、扁且倾斜的形状。鼻孔的开口在眼睛的上方。这种设计是根据与巴洛龙相似的蜥脚类恐龙相吻合部位的骨骼做出的，是有一定科学依据的。

巴洛龙的颈部靠16节以上的脊椎骨支撑着。这些脊椎骨节有的长达1米，并长着长支柱状的颈肋骨。在上面有深深的空洞来减轻身体的重量。如果不是这些空洞，拥有这么长的颈部会让巴洛龙无法抬起头来。

有些科学家估计，血液要到达巴洛龙的大脑，就需要一颗1.6吨重的心脏。但这么大的心脏，其心跳速度会相当缓慢。所以有些人猜测巴洛龙至少有8个心脏，每一个心脏只需大到足够把血液送到下一个心脏就可以了。但也有科学家认为，巴洛龙拥有现代的大心脏，在颈部有动脉阻止血液回流。另外肌肉收缩的波动也会将血液推回脑部。

巴洛龙有一条长长的尾巴。科学家依据已经发现的巴洛龙的尾骨推测，它的尾巴相当灵活且柔软，与梁龙的尾巴相似。而且，不管尾巴是否可以弯曲，它的重量必须重到能与长长的颈部达到平衡，不然巴洛龙就无法正常地站立起来。但是也可以推测，正是因为有了这条长尾巴，它的身体才显得更为修长。

巴洛龙与其他恐龙的对比图

从图中我们可以看出，与掠食者相比，巴洛龙在体型上占有很大优势。

长脖子的巴洛龙

在侏罗纪时代，巴洛龙的长脖子是它的典型标志。

巴洛龙

巴洛龙头部成长、扁且倾斜的形状

你知道吗？

侏罗纪的海洋里，鱼类和海生爬行动物繁荣，此时的海生爬行动物包含：鱼龙目、蛇颈龙目、海生鳄鱼（地蜥鳄科与真蜥鳄科）。在无脊椎动物方面，出现了数种新动物，包含厚壳蛤类（一群可形成暗礁的多样化双壳纲动物）与箭石目。侏罗纪时期的有壳无脊椎动物相当多样，有壳无脊椎动物造成的生物侵蚀增加，尤其是生痕化石。

颈部由16节以上的的脊椎骨支撑着

巴洛龙尾巴的末端容易弯曲，类似梁龙的尾巴

斑 龙

斑龙模型

从斑龙的外形可以看出它是一个凶残的猎食者。

树林中的斑龙

恐龙名称：斑龙
拉丁文名：Megalosaurus
生存时代：侏罗纪晚期
食性：肉食
恐龙种类：蜥臀目

斑龙骨骼化石图

斑龙是一种大型肉食性恐龙，它们也许可以攻击最大型的蜥脚类恐龙。

斑龙又名巨龙，属名在希腊文意为"巨大的蜥蜴"，斑龙生存在侏罗纪中期的欧洲，属于大型肉食性恐龙。

1824，英国地质学家巴克兰率先发表了世界上第一篇有关恐龙的科学报告，这是一块在采石场发掘的恐龙下颌骨化石，后来被确认是斑龙化石。巴克兰认为这是地球上从未出现过的一种新型的爬行动物。这就是斑龙拉丁文名称"采石场的大蜥蜴"的由来。

1997 年，在英国牛津市东北 20 千米处的阿德利石灰岩采石场发现了一块著名的恐龙足迹化石。经过确认这是一块斑龙化石，在其中还发现了一些鲸龙化石足迹。这些足迹化石部分被复制下来，并送到牛津大学，在牛津大学自然历史博物馆你就可以看到这些化石足迹。

目前为止，虽然发现了很多斑龙化石，但大多都是不完整的遗骸。所以，斑龙的一些细节特征还无法确定。

在 1852 年，本杰明·瓦特豪斯·郝金斯（Benjamin

Waterhouse Hawkins）受到水晶宫委托，制作了一个**斑龙模型**，这个模型现在摆放在水晶宫。因为受早期的科技所限，人们还无法正确认知这类生物，很多人把神话传说中的龙作为重建参考模型，把它们塑造为有巨大头部，以四足行走的生物。直到 19 世纪中期，在北美洲发现了其他兽脚亚目恐龙，人们才更准确地认知它们。

实际上，斑龙确实拥有很大的头部，从它的牙齿可明显看出它属于肉食性动物。斑龙身长约为 9 米，它们的长尾巴可以起到平衡的作用，因此专家把它们重建为二足恐龙，与其他兽脚亚目恐龙类似。从斑龙的颈椎化石可以看出它们有非常灵活的颈部。斑龙的体重约为 1 吨，它们的后肢强壮且充满肌肉，可以支撑起全身的重量。斑龙拥有兽脚亚目恐龙共有的特征，脚掌有 3 个向前的脚趾，以及 1 个向后的脚趾。

斑龙是凶猛的肉食性恐龙

斑龙是侏罗纪晚期一种体型庞大的肉食性兽脚类恐龙，其遗骸非常破碎，里面可能还混杂其他兽脚类动物的骨骼碎片。

准备捕食猎物的斑龙

斑龙可能猎食剑龙类与蜥脚类恐龙为食。

斑龙

斑龙的头部相对较大。
斑龙属于二足恐龙

你知道吗？

侏罗纪的海洋里，鱼类和海生爬行动物繁荣，此时的海生爬行动物包含：鱼龙目、蛇颈龙目、海生鳄鱼（地蜥鳄科与真蜥鳄科）。在无脊椎动物方面，出现了数种新动物，包含厚壳蛤类（一群可形成暗礁的多样化双壳纲动物）与箭石目。侏罗纪时期的有壳无脊椎动物相当多样，有壳无脊椎动物造成的生物侵蚀增加，尤其是生痕化石。

剑 龙

剑龙模型

剑龙的头尾长大约是 9 米，高度大约 4 米。对人类来说，剑龙是相当庞大的动物。但是在它们所生存的年代中，还有许多更为巨大的蜥脚类恐龙。

剑龙是生存于侏罗纪晚期的巨型草食性动物。它们大多生活于植物茂盛的平原，而且喜欢群体生活，与梁龙等其他草食性动物一同生活。剑龙最明显的特征就是它的背上有一排巨大的骨质板，以及带有 4 根尖刺的尾巴。剑龙体长约 12 米，高 7 米，重达 7 吨。剑龙的嘴比较特别，长着像鸟一样的尖喙，喙里没有牙齿，但在嘴里的两侧长着一些小牙。剑龙拥有 17 块板状骨头，在尾巴的尖端长着长刺。这些刺有 1 米多长。剑龙的前腿比后腿短，前腿有 5 个脚趾，而后腿有 3 个脚趾。剑龙的脑袋非常小，所以它们不是很聪明。剑龙是完全用四足行走的恐龙。体型大小与现代的大象差不多，但外表却大不一样，它的整个身体就像拱起的一座小山，山峰正好处在臀部。剑龙也许是最后要辨认的一类恐龙。它背上有两排三角形的骨板，从颈部排到尾巴，就像尖刀刺进身体一样。

这些骨板是用来干什么的？**虽然专家长期以来做过很多研究，但是分歧比较大，至今仍然是一个谜。**

剑龙长着一个小脑袋

剑龙的脑容量不比狗的脑容量更大，因此与整个身体相比之下脑袋便显得很小。

剑龙

恐龙名称：剑龙
拉丁文名：Stegosaurus
生存时代：侏罗纪晚期
食性：植食
恐龙种类：鸟臀目

你知道吗

剑龙属是剑龙科之中的模式属，也是其中首先获得命名的属。而剑龙的头骨科则是剑龙下目底下两个科的其中一科，此下目中的另一科称为华阳龙科。剑龙下目属于装甲亚目，在此亚目当中还包含了甲龙下目。

扭椎龙

寻找猎物的扭椎龙

扭椎龙是一个合格的猎食者。

扭椎龙又被称为优椎龙,生活在侏罗纪晚期,是欧洲出现的最著名的大型肉食性恐龙。不过,目前只有一具发现于英国的化石标本。最初的时候还把它当作另一种大型的肉食性恐龙斑龙。人们最初对恐龙的认知是相当混乱的。在当时的西欧,古生物学家们认为只有斑龙这一种大型的肉食性恐龙,所以当扭椎龙被发现时,它就理所当然地被归到了斑龙一类中。

1964年,经过研究,英国化石学家艾利克·沃尔克认为这种恐龙并不是斑龙,并命名了一个新名字——扭椎龙,意思是"彻底弯曲的脊椎骨"。

与早期的有骨板的鸟臀目恐龙相比,扭椎龙的身体要长得多。它的体形与斑龙类似,头很长,长长的上下颌中分布着锯齿状的牙齿。它的前肢生有三指,后肢长而粗壮。不仅可以支撑起全身的重量,还

你知道吗 ?

扭椎龙的化石是 19 世纪 50 年代在牛津乌尔沃哥特附近发现的。这具化石出现在海洋的沉积岩中。古生物学家们推测扭椎龙生前可能生活在河岸边，以搁浅的动物腐尸为食。在它死后，被河水冲到大海中。虽然这具骨骼化石并不十分完整，但它是迄今为止保存最好的肉食性恐龙的遗骸。

🔍 扭椎龙化石头部复原图

扭椎龙的头很长，长长的上下颌中满是锯齿状的牙齿。

可以快速地奔跑。

扭椎龙是一种大型的肉食性恐龙，它可以用自己的速度，追杀猎物。它的食物有可能是鲸龙、棱齿龙和剑龙等。也有专家指出扭椎龙可能是一种食腐动物，只要发现猎物尸体，即使相距较远，它也会想尽办法得到食物。

🔍 扭椎龙

恐龙名称：扭椎龙
拉丁文名：Streptospondylus
生存时代：侏罗纪中期
食性：肉食
恐龙种类：蜥臀目

腕 龙

腕龙的含义是"长臂蜥蜴"，属于巨型草食性恐龙。腕龙保持着一个纪录，在已知的完整骨架的恐龙中腕龙是最高的。腕龙活跃于侏罗纪，可以说是陆地上最巨大的动物之一。虽然已经发现了超龙、地震龙等可能比腕龙体型更巨大的恐龙，但是由于还没有完整的骨骸被发现，因此还无法取代腕龙的位置。腕龙的眼睛是长在头顶上的。它可以轻易够到高处的枝叶。

腕龙的脑袋很小，脖子很长，头顶上的丘状突起的部分，就是它的鼻子。腕龙有个比较特殊的特征，它的前肢高大，肩部耸起，整个身体沿肩部向后倾斜，现在的某些高个动物如长颈鹿继承了这一特点。

腕龙肩膀离地大约5.8米，当它的头抬起时，离地面高约12米，为了吃到高处的枝叶，它会把头抬起，但不会太久，因为时间久了就会导致血液输送困难。与其他大型恐龙不同的是，腕龙的前腿要比后腿长，这主要是为了帮它支撑长脖子的重量。就如今天的长颈鹿一样，腕龙可以吃到树梢上鲜嫩的树叶。

由于体型庞大，腕龙需要吃大量的食物来维持活动所需要的能量。一头大象一天大约能吃150千克的食物，腕龙每天大约能吃1500千克的食物，是大象的十倍！为了寻找新鲜的食物，腕龙就需要不断地四处移动。

腕龙的头部特写

腕龙的脑袋非常小，因此不太聪明。

腕龙的颌部较发达

腕龙有发达的颌部，犹如边缘锋利的勺子一般的牙齿，可切断嫩树枝和树芽。

受到攻击的腕龙

腕龙与掠食者的争斗。

腕龙复原图

恐龙名称：腕龙
拉丁文名：Brachiosaurus
生存时代：侏罗纪晚期
食性：植食
恐龙种类：蜥臀目

腕龙的体型庞大，它们的身体过于笨重，重达80吨。腕龙的胆子非常小，遇到肉食性恐龙，它们就纷纷跑进水里躲藏起来。

腕龙是草食性动物，由于身体太重只能依靠四足支撑。尽管这样，行动依旧不便。为了减轻体重带来的负担，腕龙大多在有水的地方活动，也是为了躲避肉食性恐龙的袭击。侏罗纪气候温暖，植物茂盛，有利于恐龙的生存。

水对腕龙来讲实在是太重要了，水不仅为腕龙提供了丰富的食物，同时又弥补了腕龙体重过大、行动不便的弱点。最重要的是为腕龙提供了一个安全的栖息地，如果遇到肉食性恐龙，它们就躲进水里，只把脑袋顶部的鼻孔露出水面呼吸，肉食性恐龙只好放弃猎物。

腕龙长期都是泡在水里的，只有在产蛋或寻找下一个水源地时才会上岸。腕龙的鼻孔长在头顶上，就是为了方便在水里泡着的时候换气。腕龙非常善于潜水，有专家说腕龙可以潜水20分钟以上。

濒临死亡的腕龙

水对腕龙的重要性不言而喻，没有水，腕龙的生存将面临极大的挑战。

你知道吗？

爬行动物有个特点，身体终生都在不停地生长，各种类型的龙都在不停地吃，不停地长，而腕龙这样的大型恐龙生长速度更快，吃得也更多。身边的植物吃完后，它们利用长长的脖子不用移动身体就能吃到远处的植物，由于脖子很长转动时很迟缓，要是再长个大脑袋就更加笨重了，所以它们的头都非常的小，与整个身体都不成比例。

腕龙

腕龙有个长脖子、小脑袋
腕龙的鼻孔长在头顶上
腕龙的前腿比后腿长

华阳龙

华阳龙骨骼化石

犬状齿的存在和剑板的对称排列都反映出华阳龙的原始性，华阳龙是迄今为止发现的最原始的剑龙。

中国发现最早的剑龙是华阳龙。与蜥脚类恐龙的情况相似，剑龙类在侏罗纪早期很有可能就已经出现了。我国四川自贡大山铺出土的华阳龙，为科学家最早认知剑龙类提供了依据。

华阳龙属于小型恐龙，身长只有4米，体重1～4吨。与生活在同时代、同地区的峨嵋龙、酋龙和蜀龙相比，华阳龙就显得太渺小了。因此，当那些"大个子"仰起长脖子大嚼高处的嫩叶时，矮小的华阳龙只能啃食小草和低处的树叶。

由于身材矮小，就容易受到其他肉食恐龙的攻击。但是，作为最早的剑龙，华阳龙也有自己独特的防御武器，那就是分布在肩膀、腰部以及尾巴尖上的长刺。

当它受到攻击时，华阳龙会调整身体的位置，以使它身上的长刺对准进攻者；同时，用带有长刺的尾巴猛烈抽打敌人。

　　虽然只是一些简单的防御武器，不会对猎食者造成太大的伤害，但是通常足以产生威慑效果，面对带刺的猎物，捕食者不得不寻找其他更容易捕杀的猎物。而且在华阳龙的背部，从脖子到尾巴中部还排列着左右对称的两排心形的剑板。后来出现的很多剑龙则在身体背部的每一侧都进化出两排剑板。

　　有些特点可以表明华阳龙确实是一种比较原始的剑龙。比如华阳龙的前后腿差不多一样长，而后期的剑龙类前腿明显比后腿短。

华阳龙

恐龙名称：华阳龙
拉丁文名：Huayangosauridae
生存时代：侏罗纪中期
食性：植食
恐龙种类：鸟臀目

展览馆中的华阳龙

　　华阳龙的剑板形状多样，颈部的为圆桃形，背部和尾部的呈矛状。

你知道吗？

　　华阳龙有适应陆地生活的四肢，前肢比后肢短小，前足五指，后足四趾，趾端有扁平的爪子。它们生活在湖滨河畔的丛林之中，以灌木的嫩叶作食物。

肯　龙

肯龙

恐龙名称：肯龙
拉丁文名：Kentrosaurus
生存时代：侏罗纪晚期
食性：植食
恐龙种类：鸟臀目

肯龙是剑龙类的一种，生活在1亿3700万年前的侏罗纪。肯龙的头小体长，前腿比后腿短。在背脊前部有两排三角形的骨板，后部有两排骨质刺棒。

肯龙与剑龙生活在同一年代，但在体型上仅是剑龙的1/4。由于个头矮小，只能以地面上低矮的灌木植物为食。采用四足行走的方式，用四条短粗的小腿载着沉重的身躯行走。肯龙从背至尾，贯穿着两排甲刺。前部的甲刺较宽，而从中部向后，甲刺逐渐变窄、变尖。在双肩两侧还额外长着一对向下的利刺。肯龙用这些甲刺作为自己防身的武器。在肯龙的周边生活着一些巨型恐龙，如腕龙和叉龙。

肯龙是剑龙的一种，高度与现在的水牛差不多。与"标准"的剑龙相比，肯龙不光个子小，背上的骨板也显得狭窄尖长，而且从腰部至尾端就变为了尖细的骨刺。最特殊的是在臀部的两边，长出了一对横向伸出的大角。对于剑龙骨板的作用一直存在着分歧，很多专家认为是用来调节体温的。肯龙的板和刺狭长，很明显无法发挥这项作用，用它来御敌也许会更好。

肯龙与华阳龙有几分相似

肯龙与华阳龙一样都有骨板。

你知道吗 ?

　　侏罗纪的名称取自于德国、法国、瑞士边界的侏罗山。超级陆块盘古大陆此时真正开始分裂，大陆地壳上的缝生成了大西洋，非洲开始从南美洲裂开，而印度则准备移向亚洲。

肯龙复原图

肯龙的个头在剑龙类中算是比较矮小的。

腿 龙

腿龙模型

腿龙侧面的鳞甲呈圆锥状，而非小盾龙的刀锋状皮内成骨，这种特征可用来辨认腿龙。

腿龙复原图

腿龙目前被认为较亲近于甲龙科腿龙，而离剑龙科较远，为一种真正的甲龙类。

腿龙又称肢龙、棱背龙，在希腊文意为"腿蜥蜴"，生存于侏罗纪早期，约2亿800万年前到1亿9400万年前。

在美国亚利桑那州与英格兰都发现了腿龙化石。腿龙被称为最早的完整恐龙。在三个大陆上发现了腿龙及其近亲。

腿龙是草食性的恐龙，身长4米。成年腿龙与其他大型草食性恐龙相比，体形相当小。腿龙是四足恐龙，后肢较前肢长，后肢下半部的骨头粗短。腿龙可能会站立，以吃到高处的树叶。腿龙有四个脚趾，最内侧的趾骨是最小的。

与晚期的甲龙下目恐龙不同，腿龙的头颅骨低矮、呈三角形，长度比宽度长，与原始鸟臀目恐龙很相似。腿龙的头部较小，而颈部比大多数的装甲恐龙要长。

腿龙是草食性恐龙，拥有非常小、叶状颊齿。专家推测它们进食时，是以单纯的下颚上下移动，让牙齿与牙齿间产生刺穿与压碎的动作。与晚期的甲龙类不同，在腿龙头颅有五对洞孔，与原始鸟臀目恐龙很相似。

腿龙

头颅骨低矮、呈现三角形，长度比宽度长

装甲由嵌在皮肤里的骨质鳞甲构成

腿龙有较小、不复杂的牙齿与颚部

腿龙最独特的是嵌在皮肤里的骨质鳞甲构成的装甲。这些皮内成骨以平行方式沿着身体排列。在现代的鳄鱼以及某些蜥蜴的皮肤里也出现了皮内成骨。这些皮内成骨有两种形状。大部分是小且平坦的骨板，但也有比较厚的鳞甲。

目前已发现腿龙的化石皮肤痕迹。通过这些痕迹可以看出腿龙的骨质鳞甲之间有圆形鳞甲，类似现生的吉拉毒蜥。在大型鳞甲之间，有非常小在5～10毫米的平坦粒块分布于皮肤间。

腿龙属于草食性恐龙。与其他鸟臀目恐龙拥有可磨碎植物的牙齿不同，腿龙有较小、较不复杂的牙齿与颚部，只会单纯的上下的颚部动作。在这方面，腿龙与剑龙科相似，剑龙科恐龙也有原始的牙齿与简单颚部。

因为腿龙缺乏咀嚼能力，它们可能会吞食胃石来协助磨碎食物。腿龙的上颚前段有小牙齿，是用来咬断植物的。腿龙的食物可能是树叶与水果为主。

公园里的腿龙模型

恐龙名称：腿龙
拉丁文名：Scelidosaurus
生存时代：侏罗纪早期
食性：植食
恐龙种类：鸟臀目

你知道吗？

在装甲亚目中，比腿龙还原始的化石纪录很稀少。最原始的小盾龙化石发现于亚利桑那州，它们是比腿龙还早的装甲亚目恐龙，在机能上是二足恐龙。在法国发现了一个1亿9500万年前的足迹化石，可能属于一只早期装甲恐龙。这些原始装甲亚目的祖先，在早侏罗纪期间，从类似赖索托龙的早期鸟臀目恐龙演化而来。

身体覆盖着鳞甲的腿龙

腿龙头后方拥有一对三尖状的鳞甲。与较晚期的甲龙下目恐龙相比，腿龙有较轻的装甲。

腿龙与鳄鱼很相似

腿龙鳞甲沿着颈部、背部、臀部以垂直、规则的方式排列，而四肢与尾巴上有较小的鳞甲排列着。

鲸 龙

鲸龙

恐龙名称：鲸龙
拉丁文名：Cetiosaurus
生存时代：侏罗纪中晚期
食性：植食
恐龙种类：蜥臀目

1841年，古生物学家发现了零星的牙齿和骨头化石，并且根据这些化石把它命名为鲸龙。1870年，英国牛津附近发现了一具不完整的骨骼化石。1979年在摩纳哥发现了一根长达2米的鲸龙的股骨。鲸龙在某些方面还比较原始，比如它的背骨是空心的。在后来出现的蜥脚类恐龙的背骨有了空腔，这是用来减轻身体的重量。

通过化石，人们可以描绘出鲸龙的体形特征。它庞大的身躯靠粗壮的四肢支撑，其前后肢长短差不多，大腿骨约有两米长，背部呈水平状态。鲸龙的牙齿可能像耙子一样，可以扯下植物的叶子。到目前为止完整的鲸龙头骨化石还没有被发现。专家只能根据其牙齿化石推测，它的头部可能较小。

与后期的腕龙等蜥蜴类恐龙相比鲸龙的脊骨显得更加结实厚重。在鲸龙脊骨的中枢椎体中还存在一些无用的部分，而且它的神经脊和椎关节也没有腕龙的那样长和强健。但是脊骨上分布着许多海绵状的孔洞，与现代的鲸鱼类似。

鲸龙生活在中生代海滨低地。这片海域属于现代的英国。鲸龙的颈部并不灵活，只能在3米的弧线范围内左右摆动。因此，鲸龙只能啃食蕨类叶片和一些小型的多叶树木。

1972年，一位名叫许纳的美国古生物学家命名似鲸龙，意思是"像鲸龙的恐龙"，它确实与鲸龙有很多相似的地方。它生活在侏罗纪晚期的英国南部和瑞士，属于蜥脚类恐龙，体长约15米。

鲸龙的近亲

鲸龙的近亲似乎是巨脚龙及南美洲的巴塔哥尼亚龙。它们一起组成了鲸龙科，以往这个科的恐龙是一些不明的原始蜥脚下目。

鲸龙的骨骼化石

鲸龙化石遗骸在英格兰及摩纳哥被发现。在英格兰怀特岛郡发现的有一节脊骨、肋骨及前臂骨，由英国生物学家、解剖学家及古生物学家理察·奥云于1841年命名。

你知道吗？

牛津鲸龙（C.oxoniensis）是从英格兰牛津郡及拉特兰发现的，年代为中侏罗纪的巴柔阶，比模式种短体鲸龙（C. brevis）所有的资料更多，且被认为是另一个新类。有研究指出中间鲸龙的化石太小，不足以定义鲸龙，故此认为它是可疑名称。

冰脊龙

长相凶悍的冰脊龙

冰脊龙的身长约6.5米长，比异特龙的12米身长，明显较小。冰脊龙的体重则约465千克。

冰脊龙拉丁文意为"冷酷的，有顶饰的蜥蜴"。冰脊龙是一种有冠的恐龙，两足肉食性恐龙，体长约6米。它眼睛前方有一角状向上的冠。冰脊龙生活于侏罗纪的南极洲，大约是1亿9000万年前。冰脊龙是南极洲唯一被发现的兽脚类恐龙，也是首度被叙述的。虽然当时的极地气候比现在暖和很多，但在冬季气候还是很寒冷的，而且必须忍受长达6个月的长夜。因为它的头冠很像"猫王"埃尔维斯·普雷斯利的发型，所以它还有一个别名叫"埃尔维斯龙"。

冰脊龙可能有丰富艳丽的色彩，也许皮肤上还分布着很密的血管或神经，一旦充血，它的色彩就变得更加艳丽，在中生代南极洲应该处于低纬度地区，长有丰富的植被。如果皮肤是灰暗的颜色的话，这个骨冠几乎就没有什么作用，从进化学的角度看，既然衍变出了这么特殊的骨冠，一定是有其存在的价值，或许只在繁殖季节才会展露出艳丽的色彩。如果从保护色的角度考虑，就要与周围的生存环境相联系。如果是在丛林地带，冰脊龙的颜色一定很亮丽；如果在荒漠，那可能就是灰暗色了。

冰脊龙

恐龙名称：冰脊龙
拉丁文名：Cryolophosaurus
生存时代：侏罗纪早期
食性：肉食
恐龙种类：蜥臀目

冰脊龙长有一个独特的鼻冠

冰脊龙独特的鼻冠位在眼睛之上方，垂直于头颅骨，横向排列。

你知道吗？

冰脊龙的化石在距南极约650千米的地方被发现，但在它们生存的时期，这个地方距离约1000千米或更为偏北的地区，因此冰脊龙并不会遇上极夜。与这个标本同时被发现的有原蜥脚下目的化石，因此有猜测冰脊龙是因吞食时窒息至死，不过这却没有实质证据。

锐 龙

体型庞大的锐龙

锐龙属于大型的剑龙科恐龙，体长可以达到 6 米。

锐龙意为"非常锐利的尾巴"，是大型剑龙科恐龙，活跃于侏罗纪的晚期，距今约 1 亿 5400 万到 1 亿 5000 万年前，它的体长为 6 ~ 10 米。

1875 年理查德·欧文描述了锐龙，当时命名为 Omosaurus armatus。它是首只被发现的剑龙科，因为名字因已应用在其他动物，所以才更改为现在的名称。

锐龙和剑龙很相似，背部都长着长长的骨钉和骨板。锐龙的后肢比较粗壮，像柱子一样，它的股骨比胫骨长很多。锐龙的速度可能不及兽角类恐龙，但它也有自己强大的自卫武器——巨大的尾巴，它的尾巴可以左右甩动，用尾巴来攻击敌人。

锐龙化石是发现于英格兰南部威尔特夏及多塞特（当中包括了一节在韦茅斯发现的脊椎，被归类为装甲锐龙）、西班牙、法国和葡萄牙（五个年代较晚的骨骼）。锐龙的脊椎有两排三角形的角板，在尾巴上有四对尖刺。这些特征与近亲钉状龙很相似。在大多数专家认为锐龙是小型的剑龙科。但是曾经发现过 1.5 米长的锐龙骨盆，所以锐龙很可能是最大的剑龙科之一。

锐龙复原图

锐龙是首只被发现的剑龙科，在它的背部长有骨钉和骨板。

你知道吗？

恐龙在地球上生存了1亿5千万年的时光，在这么长的时间里，地球的环境也发生了许多变动。原本连成一整片的盘古大陆逐渐漂移，分裂成为如今我们熟知的形态。这些陆块漂移到全球各处后，气候环境也跟着改变。陆块漂移，再加上气候变化，使得地球上的植物种类产生了巨大的变化。

锐龙

恐龙名称：锐龙
拉丁文名：Dacentrurus
生存时代：侏罗纪
食性：植食
恐龙种类：鸟臀目

法布尔龙

法布尔龙

恐龙名称：法布尔龙
拉丁文名：Fabrosaurus
生存时代：侏罗纪
食性：植食
恐龙种类：鸟臀目

法布尔龙属于早期的鸟脚类恐龙，与盾板龙的关系比较亲近。法布尔龙的身长仅有1米，就算它站直，也不会高于餐桌。法布尔龙的形体非常轻盈，有一定的奔跑速度。它的手和前肢非常强壮，牙齿坚硬，与带锯齿状的刀口很相似，这表明它可以撕裂比较粗硬的草木。

法布尔龙属于小型恐龙，体长约1米；从侧面看它的头骨呈三角形而且相对较高，外鼻孔较小，圆形的眶孔比较大，下颞孔呈长方形且在背缘处最宽，位于上隅骨、齿骨、隅骨相接处的下颌外窗中；前颌骨齿比较窄、尖锥状、略弯曲；它的前颌骨前端可能有较小的角质喙；从它的牙齿结构可以看出，它的上下颌只可以垂直咬合却不能前后运动，这在已知鸟臀类中是最简单的；它的前肢相对于后肢较短，仅为后肢长度的一半不到；它的前肢有5指，第5指非常小；它的后肢胫骨明显长于股骨，而长度也超过股骨长的一半。法布尔龙骨骼轻盈且小腿较长，颈部与躯干较短，尾巴比较长，它的肢骨骨壁较薄，这都说明法布尔龙是两足行走、奔跑迅速的恐龙。

法布尔龙复原图

法布尔龙的前肢比后肢要短，长度仅为后肢长的一半。

你知道吗？

陆地上的恐龙是我们最熟悉的了，这也许是因为它们的骨骼化石更容易被保留下来。现在发现的这类恐龙很多，有兽龙类，如异齿龙；剑龙类，如剑龙；甲龙类，如森林龙；角龙类，如三角龙；雷龙类，如雷龙，等等。

法布尔龙彩绘图

法布尔龙是体型较小的恐龙，长约1米，它的头骨较高，外鼻孔比较小。

怪嘴龙

怪嘴龙化石

怪嘴龙化石发现于美国的怀俄明州，属于侏罗纪晚期的地质年代。

怪嘴龙又叫承溜口龙，它的化石比较完整且属于甲龙科恐龙，属于生存年代最早的物种之一。它的头颅骨长约 29 厘米，体长估计有 3 到 4 米，体重在 1 吨左右。它的正模标本发现于美国怀俄明州，地质年代属于侏罗纪晚期。第二个比较早发现的甲龙科是在澳洲昆士兰州发现的敏迷龙，地质年代为白垩纪。

怪嘴龙的模式种是 G. parkpinorum，是在 1998 年肯尼思·卡彭特（Kenneth Carpenter）命名的，当时为 G. parkpini，意思是"滴水嘴兽蜥蜴"。在丹佛自然科学博物馆你可以看到怪嘴龙的骨架模型。

怪嘴龙的大部份头颅骨及骨骼已被发现，它的头颅骨包括有比较明显的三角方颧骨和鳞状骨。它长有比较狭窄的喙嘴，在它的每根前上颌骨都有 7 个圆锥形牙齿、缺乏次生腭、直线排列的鼻腔、不完整的骨质鼻中隔、两组骨质的颈部甲板及一些长圆刺。

专家把怪嘴龙分类在甲龙下目中的甲龙科，它是其他甲龙科的姐妹分类单元，与大部分种系发生学假说一致。但是令人遗憾的是这些研究只是针对它的头颅骨，而有关于多刺甲龙亚科的特征都是在颅后骨骼的。

受伤的怪嘴龙

怪嘴龙经常受到其他恐龙的袭击。

怪嘴龙

恐龙名称：怪嘴龙
拉丁文名：Gargoyleosaurus
生存时代：侏罗纪
食性：植食
恐龙种类：鸟臀目

你知道吗？

草食性恐龙最多的是蜥脚类恐龙，它们分别是腕龙、梁龙、地震龙、超龙、雷龙、三角龙、非凡龙等。它们的食物多以植物为食；特点是吃饱以后要吞食一些小石子或小石块来帮助消化；它们的脖子很长。

塔邹达龙

塔邹达龙

恐龙名称：塔邹达龙
拉丁文名：Tazoudasaurus
生存时代：侏罗纪
食性：植食
恐龙种类：蜥臀目

塔邹达龙属于蜥脚下目恐龙，它是火山齿龙科恐龙的一属，塔邹达龙化石发现于摩洛哥亚特拉斯山脉的断层，时期为侏罗纪早期。2004 年 Ronan Allain 等人发现了塔邹达龙的化石，它位于岩屑沉积层内，发现的化石中有一部分成年骨骼与部分幼年个体化石。

塔邹达龙身长约 9 米，它的体形特征相当原始，例如有类似原蜥脚下目的下颚、缺乏更衍化蜥脚下目的 U 形颌部联合处、拥有小齿的匙状牙齿。它的牙齿有 V 形痕迹，显示牙齿的啮合，这说明它在进食时于嘴部处理食物。它的牙齿长有锯齿状小突起，很便于它们磨碎食物，这是塔邹达龙比较独特的地方。其他蜥脚类恐龙几乎都没有长出锯齿状牙齿，他们是把食物整个吞下去。因为塔邹达龙的这一特征，人们把它当作目前为止最原始的蜥脚类恐龙。它的颈部相当灵活，拥有比较长的颈椎，缺乏侧腔，但是它的背椎与尾椎更为硬挺。塔邹达龙的化石是到目前为止发现最完整的侏罗纪早期蜥脚下目化石。它的近亲为火山齿龙，两者的差别在于尾椎。

你知道吗

鸭嘴龙类恐龙的代表是慈母龙，它们的特点是很细心照顾自己的小宝宝，因此而得名慈母龙。慈母龙妈妈会一直守护着它的蛋，直到龙宝宝可以离开它的妈妈独立生活。

行走中的塔邹达龙

塔邹达龙的颈部相当灵活，它的背椎与尾椎最坚硬。

受到攻击的塔邹达龙

在塔邹达龙生活的区域还存在着很多肉食恐龙。

图里亚龙

图里亚龙

恐龙名称：图里亚龙
拉丁文名：Turiasaurus
生存时代：侏罗纪
食性：植食
恐龙种类：蜥臀目

　　图里亚龙意为"图里亚蜥蜴"，图里亚是特鲁埃尔省的拉丁名。它属于蜥脚下目恐龙，生存于侏罗纪末期。图里亚龙是目前为止在欧洲发现的最大的恐龙，它的体长为30~37米，它前肢上臂的骨骼有1.8米长，比较特殊的是它的后足上长有带爪的巨大"脚趾"，它的大小与足球差不多，图里亚龙属于蜥脚类恐龙一个新的分支，有专家认为它是从更著名的梁龙和腕龙中单独进化而来的。图里亚龙的重量与8头成年非洲大象的体重总和差不多。它可能是欧洲最大的蜥脚类恐龙，但是与美洲和非洲的巨型恐龙相比，它的体型还是显得有些小。

　　发现的图里亚龙的破碎化石包括：天然状态的左前肢（原型标本）、牙齿、脊椎、头颅骨碎片和肋骨，发现于陆相沉积层，该地层位于西班牙东北部的阿拉贡自治区特鲁埃尔省里奥德瓦村。它的模式种是里奥德芬西斯图里亚龙，是由 Royo-Torres、Coblos、Alcala 等人在 2006 年正式叙述的。

种系发生学研究表明图里亚龙不属于新蜥脚类演化支，而属于图里亚龙类演化支，这个新成立的演化支还包括：露丝娜龙、加尔瓦龙。

图里亚龙与幼龙

图里亚龙可能是欧洲最大的蜥脚类恐龙。

图里亚龙化石

目前为止发现的图里亚龙化石，它的化石保存得不完整。

你知道吗？

肿头龙类中的剑角龙的头骨十分坚硬，不易压碎，所以通常头顶头呼唤配偶，要是有肉食性恐龙入侵，它们也会成群结队的向那些恐龙撞去。肿头龙类的恐龙体型大小不一，有的可高达四五米，有的则像小鸡一样矮小。

知识问答

1. 恐龙都吃些什么?（ ）

A. 杂食　B. 肉食　C. 草食　D. 三类都有

2. 恐龙灭绝的原因是（ ）。

A. 食物中毒　B. 天体大冲撞　C. 疾病传染　D. 目前还无法确定

3. 恐龙属于什么类型的动物?（ ）

A. 爬行动物　B. 哺乳动物　C. 两栖动物　D. 以上都不是

4. 中国最早被命名的恐龙化石是在（ ）发现。

A. 黑龙江　B. 云南　C. 四川　D. 内蒙古

5. 恐龙的繁殖方式是什么样的?（ ）

A. 胎生　B. 有卵生，也有胎生　C. 无性繁殖　D. 卵生

6. "恐龙"叫法的由来是（ ）。

A. 长得恐怖，又像古代传说中的龙　B. "恐龙"英语单词的谐音

C. 起源于达尔文进化论中对其的称呼　D. 来自于希腊语,意思是"恐怖的蜥蜴"

7. 恐龙都住在哪儿?（ ）

A. 湖边或海边　B. 有水源的森林边上　C. 平原　D. 四海为家

8. 恐龙寿命最长有多长?（ ）

A.200 年　B.100 年　C.50 年　D.30 年

9. 恐龙吃人吗?（ ）

A. 不吃　B. 吃

C. 不知道，因为人还没遇到活恐龙　D. 有的吃人，有的不吃人

10. 恐龙从出现到灭绝，一共在地球上生活了（ ）年。

A.3000 万年　B.7000 万年　C.1 亿年　D.1 亿 7000 万年

11. 亚洲最高最重的恐龙叫（   ）。

A. 汝阳黄河巨龙   B. 梁龙   C. 二连巨盗龙   D. 霸王龙

12. 最大的肉食龙是（   ）。

A. 霸王龙   B. 梁龙   C. 剑龙   D. 鳄龙

13. 恐龙会飞吗?（   ）

A. 不会   B. 有的会，像翼龙   C. 鹦鹉嘴龙   D. 不叫飞，叫疾速奔跑

14.（   ）最高。

A. 梁龙   B. 马门溪龙   C. 霸王龙   D. 腕龙

15. 三叠纪和白垩纪包括在哪个年代?（   ）

A. 中生代   B. 侏罗纪   C. 寒武纪   D. 新生代

16. 目前所知最大的恐龙体重达（   ）。

A.1000 多吨   B. 几百吨   C.50 吨   D.4～5 吨

17. 恐龙最快的奔跑速度是（   ）。

A. 每秒钟 17 米   B. 每秒钟 15 米   C. 每秒钟 12 米   D. 每秒钟 10 米

18.（   ）牙齿像噬人鲨鱼的牙齿。

A. 霸王龙   B. 剑龙   C. 鲨齿龙   D. 鳄龙

19. 恐龙的眼睛是什么颜色?（   ）

A. 棕色   B. 灰色   C. 黑色   D. 目前无法确定

20. 世界上最大的恐龙蛋化石在（   ）。

A. 浙江   B. 云南   C. 四川   D. 内蒙古

白垩纪

——帝国落幕

剧烈的地壳运动和海陆变迁，导致了白垩纪生物界的巨大变化，中生代许多盛行和占优势的门类（如裸子植物、爬行动物、菊石和箭石等）后期相继衰落和绝灭，尤其是恐龙的灭绝更成为千古之谜。

棱齿龙

白垩纪时期的棱齿龙

棱齿龙科是小到中等大小的鸟脚类恐龙。它们两足行走，身体结构非常独特，分布在亚洲、澳大利亚、欧洲和北美洲。

棱齿龙是生活在距今 1 亿 1100 万年前后的白垩纪，它们是个子不大但非常善于奔跑的草食恐龙。

棱齿龙全长 1.4~2.3 米，臀高 1 米，两腿细长。长着像鸟一样的喙嘴，且狭窄锐利，便于它咬食树的枝叶。前肢长，手有 5 指，适合抓扯食物并可以捧食。

从棱齿龙的体型可以看出它们可能是鸟脚类中速度最快的种群。它们的习性很像今天的非洲瞪羚。

棱齿龙科下的恐龙，它们的牙齿不是完全一致的，有 5 颗稍微弯曲的前上颌齿，10 颗或 11 颗侧扁的上颌齿，齿冠前后加宽，两边有边缘小齿；下颌有大约 13 或 14 颗牙齿，前 3 ~ 4 颗牙齿呈圆锥状，剩余牙齿的齿冠内外扁，与上颌齿一样有边缘小齿。这种牙齿形式被叫作异齿型的齿式。

在棱齿龙科上颌牙齿齿冠的颊面釉质化比较强烈，有小的竖直棱；大多数下颌牙齿是舌面釉质较厚，有比较明显的中棱和几条较弱的次级棱。或许正是因为这些棱的存在才被命名为"棱齿龙"。这样的牙齿磨蚀面平而倾斜，显示了它的耐磨性。同时，棱齿龙牙齿具有双磨蚀面，显示其上下颌的运动是垂向的。

棱齿龙是群体生活，遍布欧洲和北美。它啃食一些低矮的植物，先把树叶储存在颊囊里，然后再利用后面的牙齿慢慢磨碎食物。逃跑是棱齿龙面对危险的唯一方法，它可以像羚羊一样躲闪和迂回奔跑。棱齿龙的视力特别好，可以发现逼近的肉食性动物。

棱齿龙

恐龙名称：棱齿龙
拉丁文名：Hypsilophodon
生存时代：距今 1.1 亿年前后的白垩纪早期
食性：植食
恐龙种类：鸟臀目

你知道吗？

棱齿龙成群生活，遍布欧洲和北美。它啃食低矮的植物，先将树叶储存在颊囊里，然后再用后面的牙齿慢慢咀嚼。逃跑是棱齿龙自卫的唯一方法，它能够像羚羊一样躲闪和迂回奔跑。它还具有敏锐的双眼，以发现逼近的肉食性动物。

棱齿龙属于鸟脚类恐龙

棱齿龙是鸟脚亚目的一个科。棱齿龙具有一般鸟脚类的一个重要的特点，即上牙齿冠向内弯曲，而下颌牙齿齿冠向外弯曲。

鲨齿龙

凶残猎手鲨齿龙

鲨齿龙的体重低于最大的南方巨兽龙和最大的霸王龙，是世界上第4重的肉食恐龙。

鲨齿龙活跃于白垩纪前期，在 1931 就被命名，但是直到 1995 年科学家才正式叙述了鲨齿龙。

它的拉丁文意思是"像吃人鲨般的恐龙"。

鲨齿龙是目前在非洲大陆发现的最大的肉食恐龙，它的化石来自于撒哈拉沙漠，是目前发现的最大型的肉食性恐龙之一。只有在阿根廷发现的南方巨兽龙比它大。

鲨齿龙巨大的头骨有将近 2 米长，嘴里长着又薄又利的牙齿，与鲨鱼的牙齿类似。

鲨齿龙长 14 米，比霸王龙长 1.5 米，它的股骨长 1.45 米，头骨有 1.63 米长。比霸王龙的头骨还要长 10 厘米。仅次于南方巨兽龙 1.8 米长的头骨。这三种恐龙被称为最大的三种兽脚类恐龙。鲨齿龙虽然有一个巨大的头骨，但大脑只有霸王龙的一半，可以说它没有霸王龙聪明。鲨齿龙和南方巨兽龙都属于鲨齿龙类。

鲨齿龙化石曾遭遇损坏。1944年4月24日，第二次世界大战中这具化石不幸被炸毁。战后，为了弥补鲨齿龙头骨被毁的损失，美国古生物学家Mrsereno和他的考察队深入非洲，在1995年在撒哈拉大沙漠找到了另外一个鲨齿龙头骨化石。

鲨齿龙

恐龙名称：鲨齿龙
拉丁文名：Carcharodontosaurus
生存时代：9800万到9300万年前的白垩纪
食性：肉食
恐龙种类：蜥臀目

鲨齿龙复原图

鲨齿龙巨大的头骨带着一打又薄又利的牙齿，有些像鲨鱼的牙齿。难怪它被称为"鲨鱼牙齿的蜥蜴"。

你知道吗？

鲨齿龙是一种生存于埃及、摩洛哥、突尼斯、阿尔及利亚、利比亚和尼日尔的大型肉食性恐龙。鲨齿龙身长12.9至13.4米，重7.2至11.4吨，高约4米。特点是牙齿类似餐刀，有很明显的纹路，有些人觉得像噬人鲨的牙齿。

艾伯塔龙

艾伯塔龙模型

艾伯塔龙是一种早期霸王龙类，比我们熟悉的霸王龙要早 800 万年，横行于天下。由于它身材比较小一些，腿部又长，因此应该是霸王龙类里跑得最快的品种。

争斗中的艾伯塔龙

艾伯塔龙比暴龙科的一些恐龙，如特暴龙及暴龙体型较小。成年的艾伯塔龙约有 9 米长。

艾伯塔龙，又名阿尔伯脱龙，是暴龙科艾伯塔龙亚科下的一属恐龙，生活于距今 7000 万年前的白垩纪北美洲西部。

模式种的肉食艾伯塔龙（Asarcophagus）是在加拿大艾伯塔省省立恐龙公园发现的，并以此省作为该属的名字。科学家们在其物种的数目上产生了分歧，已知的有 1 ~ 2 种。艾伯塔龙是双足的肉食恐龙，头部很大，在颚骨长着大牙齿。专家推测它是所在地区的霸主，位于生态系统食物链的顶端。

在兽脚亚目中艾伯塔龙体型算是比较大的，但是比著名的亲属暴龙要小，重量与现今的黑犀差不多。到目前为止已经有超过 20 只艾伯塔龙的化石被发现，这就为研究艾伯塔龙提供了很多资料。曾经在同一地点发现 10 只艾伯塔龙，这说明它们是群体捕猎。

艾伯塔龙身长约 9 米，身高 4.5 米，体重约 4 吨，属于蜥臀目兽脚亚目属。艾伯塔龙的颅骨很大，有 S 形的颈部，最大的成年恐龙颈部约为 1 米长。

两足行走的艾伯塔龙

恐龙名称：艾伯塔龙
拉丁文名：Albertosaurus
生存时代：7000 万年前白垩纪
食性：肉食
恐龙种类：蜥臀目

在头颅骨上有孔洞，这就减低了头部的重量。它的长颚骨分布着超过 60 颗蕉形牙齿。与其他兽脚亚目不同的是，暴龙科属于异型齿，即牙齿有不同的形状。在上颚前颚骨的牙齿比其他的牙齿小，排列得更为紧密且横切面呈 D 形。

所有暴龙科，包括艾伯塔龙，都有类似的外观。艾伯塔龙是双足行走，并以尾巴来平衡头部及身躯。暴龙科的前肢很小，且只有两趾；后肢很长且有四趾，大趾很短，用其他三趾着地，而中间的脚趾比其他的要长。

艾伯塔龙是在 1905 年由美国自然历史博物馆的亨利·费尔费尔德·奥斯本在其有关暴龙的描述中所命名的。这个名字是为纪念首先发现艾伯塔龙化石的地方：加拿大的艾伯塔省。

艾伯塔龙属于兽脚亚目暴龙科的成员。在这个科下的艾伯塔龙亚科之中，包含肉食艾伯塔龙与蛇发女怪龙。

艾伯塔龙骨骼化石

艾伯塔龙化石存放在多伦多的皇家安大略博物馆。另外六个头颅骨及骨骼亦在艾伯塔省被发现，并存放在其他加拿大博物馆。

艾伯塔龙复原图

艾伯塔龙是兽脚亚目暴龙科的成员。在这个科下，肉食艾伯塔龙与蛇发女怪龙都是在艾伯塔龙亚科之中。

你知道吗？

所有肉食艾伯塔龙的化石都是于艾伯塔省的马蹄铁峡谷地层被发现。这个地层的年代为上白垩纪的麦斯特里希特阶，距今约 70~73 百万年前。该地层正下方是熊掌组，是西部内陆海道的海相沉积层。

艾伯塔龙

头颅骨很大，颈部很短呈 S 形，最大的成年恐龙颈部约为 1 米长
长颚骨包含了超过 60 颗蕉形牙齿
前肢相对于体形是极为细小的，且只有两趾

木他龙

木他龙属于白垩纪早期的鸟脚龙类，化石发现于澳大利亚昆士兰省莫他布拉镇的岩层中。它和禽龙十分相似，都是大型的四足草食性恐龙，并可用后肢支撑站立。与禽龙相似，木他龙中间的三个指头连接在一起呈蹄状，拇指上长有爪。

1亿2000万年前，一群木他龙正在缓慢移动，它们正在寻找食物。木他龙的体型大，为了维持每日所消耗的能量，它们必须经常进食，它们的体重接近4.5吨，每天要吃500千克的食物。在中生代，澳洲大陆比现在更加靠近南极，气温也要低得多。在冬季木他龙要生存下来就比较困难了。冬天的澳洲大陆整天没有太阳，植物很难生存下来，木他龙在食物很少甚至没有食物的情况之下，是如何生存下来的呢？仍然是个谜。但是在距离木他龙不是很远的地方生活着相似的中型草食性恐龙——鸭嘴龙。它们也曾在今天的南极洲生活，而且靠近南极。专家认为鸭嘴龙适应严寒的理论也适用于木他龙。这里的气候非常恶劣，平均气温只有零下30℃，最低可以突然下降至零下90℃。风速达每小时100

木他龙头颅骨特写

木他龙的头颅骨上有空位，表示它们有沟通的能力。它们的声音应该是非常低沉的。

木他龙

一个加大的、中空的会向上鼓起的口鼻部，用来发出声音及求偶炫耀。木他龙中间的三个指头融合在一起而成蹄状，拇指上则有明显的爪。

木他龙是草食性恐

木他龙是吃植物的，拇指只有比首般的尖物以作自卫，它用四只脚来行走，不过亦可以后脚站立以吃生长得比较高的树叶。

千米左右。

1998 年阿根廷和美国的考古队在这里考察，发现在 1 亿 2000 万年前，这里是没有冰雪的，而是覆盖着针叶树林蕨类植物。地面分布有厚厚的苔藓和植物。考古队在这里有了意外收获，一颗完全属于鸭嘴龙的牙齿。众所周知，鸭嘴龙生活在白垩纪时期的北美洲。

这就意味着鸭嘴龙迁徙数千千米至南方，当南极变得十分寒冷时，它们向唯一可以生存的地方——阿根廷的温带草原迁徙。但是它们是怎样通过分隔南极洲和南美洲 300 千米宽的海洋的呢？不过，专家认为这不一定是障碍，它们可以通过靠近的陆地或经由一连串的岛或岛弧到达南美洲。它们可以从一个岛屿游往另一个岛屿，最终抵达南美洲大陆。现在，不少专家认为木他龙也是通过相同的方法，定期地迁徙到温暖的地方过冬的。

觅食中的木他龙

市他龙的食量非常惊人，它们的体重约有 4.5 吨，每天要进食 500 千克的食物。

行进中的木他龙

恐恐龙名称：市他龙
拉丁文名：Muttaburrasaurus
生存时代：白垩纪
食性：植食
恐龙种类：鸟臀目

你知道吗？

说起澳洲最重要的恐龙品种就一定要数木他龙了，它和在北美洲称霸的禽龙是两种很相似的恐龙。木他龙属于鸟臀目中的禽龙类，和鸭嘴龙也是相近的种类。

木他龙与人类对比图

市他龙的体型并不是很庞大。

似鸵龙

似鸵龙意为"模仿鸵鸟的恐龙"。它是恐龙公园中短距离奔跑的高手。

似鸵龙与鸵鸟也有很多不同的地方，比如它长着一条长尾巴，其长度可达 3～5 米，占了整个身体的一半还多。这条长尾巴并不灵活。当它飞跑的时候，它的长尾巴就僵直地伸在后面。

当似鸵龙飞快地越过一段崎岖不平的坡地时，它的尾巴就会起到保持平衡的作用。似鸵龙脚上长着平直狭窄的爪子。这些爪子就像跑鞋上的钉子，可防止它全速追赶猎物时脚下打滑。很多人认为似鸟龙与似鸵龙属于同一种恐龙，其实这是错误的认识，似鸵龙的拉丁文是 Struthiomimus，意为"模仿鸵鸟的恐龙"。

现在关于似鸵龙能不能达到现在鸵鸟的最快速度，即 80 千米每小时还存在很多争论。美国古生物学家罗舍尔在对似鸵龙的四肢骨骼进行研究后，认为在受到惊吓的情况下它可以跑得非常快，甚至可以达到鸵鸟的速度。就算把似鸵龙的速度减半，它还是恐龙公园中的短跑高手。在遇到危险时，它的奔跑速度足以让它逃之夭夭。

似鸵龙的食物来源比较丰富，包括树叶、水果、昆虫和一些小动物。它用角质的喙和具有三个指爪的前肢抓取植物的种子和果实，如果吃腻了，它就会捕食一些小动物。也许它还

似鸵龙骨骼化石

似鸵龙的第一个化石，在 1892 年由奥塞内尔·查利斯·马什，归类于似鸟龙的一个种。

似鸵龙模型图

恐龙名称：似鸵龙
拉丁文名：Struthiomimus
生存时代：白垩纪晚期
食性：杂食
恐龙种类：蜥臀目

似鸵龙可以快速奔跑

似鸵龙是虚骨龙类中，最早发展出类似鸟类的四肢、肌肉、尾巴的物种之一，腹部与尾巴的尾股肌，可在高速移动时，轻易转换方向。

会运用嘴喙去剥食嘴中的食物，就像现在的鹦鹉剥坚果的硬壳一样。

似鸵龙与似鸡龙一样有一对大眼睛。当它外出觅食时，会保持相当高的警觉性，会观察各个方向，注意是否有敌人来袭。如果攻击它的是一些小型的肉食恐龙的话，似鸵龙会利用它强健的后肢给敌人狠狠的一脚，赶跑敌人。如果攻击它的是大型的肉食恐龙，这时它就发挥它的速度优势，以最快的速度摆脱敌人。

似鸵龙会受到其他恐龙的攻击

似鸵龙被认为可用高速逃离惧龙、蛇发女怪龙等大型掠食动物。但蜥鸟盗龙与驰龙等小型掠食动物，其速度接近于似鸵龙，可轻易猎杀它们。

似鸵龙是杂食性恐龙

因为似鸵龙的笔直边缘喙状嘴，它们被认为可能是杂食性恐龙。

似鸵龙

头部小而修长

口鼻部前端为喙状嘴

尾部硬挺，可能具有平衡功能

你知道吗？

保存最良好的似鸵龙骨骸，目前正在纽约美国自然历史博物馆展示中，而保存最良好的头颅骨部分则在加拿大亚伯达省得兰勒林市的泰瑞尔古生物博物馆展示中。

137

嗜鸟龙

嗜鸟龙骨骼化石

对于嗜鸟龙的了解几乎都来自一个化石，该化石在1900年发现于怀`俄明州的科莫崖附近，并由亨利·费尔费尔德·奥斯本在1903年所叙述、命名。

现在人们只发现了一具完整的嗜鸟龙骨架。嗜鸟龙大小与小型的矮脚马差不多，它是小型恐龙中的一员。它拥有长长的尾巴，在追赶猎物时可以平衡自己的身体。嗜鸟龙的第三个小爪像人类的拇指那样向内弯曲，可以帮助握紧不断挣扎的猎物。

尽管它的名字叫嗜鸟龙，但没有证据显示它是否可以捕捉到鸟。嗜鸟龙的视力很发达，可以很轻易地辨认出躲藏在蕨类植物及岩石下面的蜥蜴和一些小型哺乳动物。一旦捉住猎物，嗜鸟龙就马上利用锋利而弯曲的牙齿收拾掉它们。嗜鸟龙的体重很轻，但是它的后脚很强壮并且很长，所以它跑得很快。有些人认为它可以捕鸟，但没有可靠的证据。由于它的牙齿又长又尖，可以看出它是肉食性恐龙。

嗜鸟龙是白垩纪早期的小型肉食性恐龙，身体很小，甚至还没有一只山羊大。它的食物来自于小型的哺乳动物、蜥蜴和其他小型爬行动物。嗜鸟龙这个名称是怎么来的，至今也不清楚。可以肯定的是没有证据显示它捕食过鸟类。在嗜鸟龙的头顶上有一个小型头盖。它可以快速奔跑，以逃避那些因巢穴毁坏而发狂的大恐龙。

嗜鸟龙是肉食性恐龙

嗜鸟龙拥有小型、锐利的牙齿，但古生物学界对它们以何种动物为食产生争议。

嗜鸟龙

恐龙名称：嗜鸟龙
拉丁文名：Ornitholestes
生存时代：白垩纪早期
食性：肉食
恐龙种类：蜥臀目

你知道吗？

在1903年，亨利·费尔费尔德·奥斯本认为嗜鸟龙的手部较长，可以迅速抓住灵活的动物，而提出嗜鸟龙可能以鸟类为食。在1917年，奥斯本重新研究嗜鸟龙，认为它们的手部不能做出这种动作。

腱龙

被围攻的腱龙

腱龙时刻面临着猎食者的攻击，一不小心就容易丢掉性命。

腱龙发现于北美洲西部的白垩纪早期到中期地层，约为 1 亿 2500 万年前到 1 亿 500 万年前。身长 6.5 ~ 8 米，身高 2.2 米，重达 1 ~ 2 吨。尾巴比其他同类的尾巴还长，大部分时间以四足行走。

腱龙是一种体形庞大的草食性恐龙，有一条长且粗的尾巴。在遭遇敌人时，它可以用具爪的脚踢打或用尾巴抽击敌人，但与行动迅速的恐爪龙相比还是逊色不少。目前只发现了它的前肢化石，因此对于腱龙的各项身体细节还不是很清楚，科学家推测腱龙可能是一种温顺的草食性恐龙，生活于白垩纪早期的北美洲。

2008 年，科学家在一个腱龙标本的股骨与胫骨内发现了髓质组织。髓质组织只可能存在于鸟类身上，是钙质的来源，用于产卵期制造蛋壳。化石显示这头腱龙死亡时只有八岁，还未成年，这与已发现的暴龙、异特龙的髓质组织很相似。因为这三者是分开演化的，所以专家推测恐龙普遍具有髓质组织。

腱龙经常会受到恐爪龙的攻击

在蒂氏腱龙的标本上曾发现恐爪龙的牙齿，附近也曾发现许多恐爪龙的骨骸，显示这只腱龙曾被恐爪龙所猎食。腱龙的牙齿，有些像鲨鱼的牙齿。难怪它被称为"鲨鱼牙齿的蜥蜴"。

腱龙

恐龙名称：腱龙
拉丁文名：Tenontosaurus
生存时代：白垩纪早期
食性：植食
恐龙种类：鸟臀目

你知道吗？

腱龙属包含两个种：提氏腱龙（T.tilletti）与道氏腱龙（T.dossi）。提氏腱龙的许多标本收集于蒙大拿州与怀俄明州的地层，以及南奥克拉荷马州的鹿角组地层。对于道氏腱龙的了解仅来自于德州帕克县的双子山组地层的少量化石标本。

慈母龙

慈母龙幼崽化石

慈母龙把小恐龙生在自己的窝里，并且照看自己的孩子。恐龙蛋的形状像个柚子。

慈母龙骨骼化石

慈母龙名字的来源是因为其骨架被发掘近于碗状土丘窝巢附近。

慈母龙与幼崽

慈母龙是群居生活的恐龙。它们的脑袋中等大小，所以有点聪明。

慈母龙名字含义是"好妈妈蜥蜴"。1979年在美国蒙大拿，科学家发现了一些恐龙窝，其中有小恐龙的骨架，就把这种恐龙命名为慈母龙。

慈母龙喜欢群体生活。它的脑袋中等大小，所以有中等智商。它的窝是在泥地上挖的坑，大小和一个圆形饭桌差不多。在下蛋之前，它会在窝里垫一些柔软的植物。雌恐龙一次可以产8~40枚硬壳的蛋，蛋像个柚子。

科学家认为，慈母龙父母，会在窝旁保护自己的蛋，以防止它们被其他恐龙偷走。母亲可能会像现代的鸡一样卧在蛋上孵蛋，当"她"需要离开进食时，其他成年恐龙就会看护着恐龙蛋。当幼崽出世后，父母会接着喂养这些恐龙小宝宝。小恐龙不挑食，食物包括水果和种子。慈母龙父母会嚼碎坚硬的植物，然后再喂给恐龙宝宝。科学家们推测，小恐龙会一直待在"家"里，直到它们可以自己觅食为止。

在美国同一个地方发现了大量的恐龙骨骼和蛋壳碎片的恐龙窝，古生物学家认为，在北美洲曾有大批的慈母龙生活，它们平时在森林中生活，当产卵的时候就回到同一个窝里来产卵。它们可能多次使用同一个窝。当小恐龙可以自己觅食时，就加入到恐龙群中。最后，恐龙群为了寻找新鲜的食物会进行大迁徙。

在慈母龙被发现之前，人们一直认为恐龙和现代的

爬行动物相似，都是生完蛋就离开，不会照看自己的孩子。后来，科学家们发现一些幼小恐龙的牙齿化石有明显的磨损痕迹，这说明幼崽已经开始吃东西了。但是它们的四肢却还未完全发育，显然还无法独自行动。这就表明它们依靠父母来进食。

另外，经过分析恐龙足迹化石，专家发现它们会经常迁徙，一般成年恐龙在两侧，小恐龙在队列中间，与今天的象群很相似。科学家就给它们起了一个很贴切的名字——慈母龙。不过，也有人提出异议，仅凭这些证据，还无法证明它们是有目的地养育自己的后代。因为在现在的爬行动物都没有继承这一点。鳄鱼也不过是用嘴巴含起刚出壳的小鳄鱼，把它们带到水边，就离开了。

逃跑中的慈母龙

恐龙名称：慈母龙
拉丁文名：Maiasaura
生存时代：白垩纪晚期
食性：植食
恐龙种类：鸟臀目

你知道吗？

慈母龙每次能生 25 个蛋，这 25 只小恐龙每天要吃掉几百斤鲜嫩的植物，慈母龙需要不辞劳苦地到处寻找食物。如果真是这样的话，它们是无愧于慈母龙这个称号的。

慈母龙采用四足行走

慈母龙用四条腿走路，跑步时用两条腿，它们跑得很快。

有一条长尾巴

慈母龙的脸看着像是鸭子的脸

慈母龙的前腿比后腿短

盔 龙

盔龙生活在 6700 万年前的白垩纪，体长达 10 米，它是鸭嘴龙类中最著名的恐龙。它的头上有一个头冠与现代的鸡冠相似，头中空，与鼻孔相通。专家推测其头冠内有可能有比较发达的嗅觉细胞，所以嗅觉应该很灵敏。

盔龙属于大型草食性恐龙，有着鸭子一样的脸。在它的头顶上有个中空的冠子，雄性的头冠要比雌性的大一些。它用没牙的喙嘴咬断细枝或树叶，然后放入它后面的成排的牙齿间。它是两足行走，前臂比较短。它的尾巴又粗又长。盔龙喜欢群体生活。它们的速度很快，而且智商比较高。

盔龙属于鸭嘴类恐龙，它有公共汽车那么长，靠后腿走路。进食时需要用较短的前腿支撑身体。它的脚趾上没有爪，所以它无法抵御肉食恐龙的袭击。

专家推测在盔龙的脸上有皮囊。当遇到危险时，它会鼓起皮囊成球状，给恐龙群报警，也可以用来吸引异性。它的气囊有扩音器的作用，就像青蛙发出的呱呱声一样。

盔龙在灌木丛中觅食。它用后肢站立，可以够到高处的嫩叶。从它的体型就可以看出它不是好战分子，性情温和，身上没有盔甲、棘刺和利爪，但它们拥有敏锐的视觉和听觉可以预先发现危险。

盔龙比较"自恋"，喜欢炫耀自己与众不同的头饰和独特的鸣叫声。在面对敌人时可能起到意想不到的效果，某些恐龙可能被它的吼声吓住。由

盔龙的皮肤特征

盔龙吃树叶、果实，皮肤化石显示有细鳞，细鳞没有重叠，就像大多数爬行类一样。

盔龙

头顶上有个中空的冠子，雄性的头冠比雌性的大些

行走时用两条腿，前臂短一些

尾巴又长又胖。

于它们的头饰各不相同，所以它们的鸣叫声也形形色色，就好像一只古老的铜管乐队在演奏。

科学家曾经一度对盔龙头饰的大小不一感到不解。现在他们相信，较小的头盔属于年轻的或雌性个体。实际上，年幼的盔龙可以说是没有头饰的，那只是一个小小的突起。盔龙很可能会游泳，但速度肯定很慢。

盔龙模型

恐龙名称：盔龙
拉丁文名：Corythosaurus
生存时代：白垩纪晚期。
食性：植食
恐龙种类：鸟臀目

盔龙的皮肤

曾经发现过盔龙表皮的化石，它的表皮长得非常凹凸不平。

你知道吗？

迄今已发现 20 多个盔龙的头骨。高而空的骨质头冠包围卷曲的鼻腔通道。盔龙的性别和年龄不同，头冠的大小和形态也不相同。

盔龙头部特写

盔龙属于鸭嘴龙科的赖氏龙亚科。盔龙的近亲有亚冠龙、赖氏龙、扇冠大天鹅龙，除了扇冠大天鹅龙以外，它们都具有外形相似的头颅骨与冠饰。

被猎杀的盔龙

盔龙笨拙沉重的身体极难逃脱掠食者的捕杀。然而，它可以跳入湖中缓慢地游向其他地方，用智慧取胜于不会游泳的肉食性恐龙。

原角龙

原角龙在希腊文意为"第一个有角的脸"，是角龙下目恐龙，生存于白垩纪的蒙古。原角龙属于原角龙科，原角龙科属于早期的角龙类。与晚期的角龙类恐龙不同，原角龙缺乏发展良好的角状物，且拥有一些比较原始的特征。

原角龙拥有很大的头部以及躯干。它的喙与鸟类很相似，嘴的前部没有牙，但在嘴里两侧却长着牙。在它的头上长着褶边一样的装饰，而且雄性的比雌性的大些。原角龙喜欢群体生活。它们把蛋生在自己的窝里。原角龙采用四足行走，且行动缓慢。

原角龙外形与著名的三角龙很相似，不同的是它的体形较小，头上也没有长角，在中国内蒙古地区曾发现大量原角龙的骨骼、蛋、巢穴及小恐龙化石。原角龙的蛋是最早发现的恐龙蛋，使它的名气不亚于在恐龙界巨大的雷龙、暴龙。

原角龙是角龙类中的原始种类，全长不到 3 米。头顶没有角，只是在鼻骨上有个小小的突起。颈部的骨板已经演化的很大，形成颈盾。曾在一个原角龙的墓地，发现了很多从成年到幼体的骨架化石，这说明原角龙是以家族为群体生活的草食动物。

原角龙头颅化石

头盾由大部的颅顶骨与部分的鳞骨所构成。头盾本身则有两个颅顶孔，而颊部有大型轭骨。

原角龙模型

原角龙嘴鼻部很像鹦鹉嘴龙，但要大一些。嘴的前部生有牙齿，用来采食植物的枝叶以及多汁的茎根。四肢短小，身躯肥胖。

原角龙

恐龙名称：原角龙
拉丁文名：Protoceratops
生存时代：8350 万年前到 7060 万年前
食性：植食
恐龙种类：鸟臀目

你知道吗？

原角龙是第一个被命名的原角龙科恐龙，所以也成为原角龙科的名称来源。原角龙科是一群草食性恐龙，比鹦鹉嘴龙先进，但比角龙科原始。原角龙科的特征是它们与角龙科的相似，但原角龙科有更善于奔跑的四肢比例，以及较小的头盾。

鹦鹉嘴龙

鹦鹉嘴龙

恐龙名称：鹦鹉嘴龙
拉丁文名：Psittacosaurus
生存时代：白垩纪早期
食性：植食
恐龙种类：鸟臀目

鹦鹉嘴龙属于小型的鸟脚类恐龙，体长约1米。头骨短宽且高，吻部弯曲并有角质喙，因为与现代的鹦鹉很相似而得名。它的颧骨发达，外鼻孔较小，前额骨在鼻骨以下，枕骨孔发达。在它的上颌和下颌各有7~9个牙齿。牙齿为三叶状，齿缘较光滑。在齿冠中棱前各有2~4个小脊。颈短，颈椎有6~9个，脊椎13~16个，荐椎5~7个。

它的乌喙骨较小，乌喙孔展开。它的肠骨细长，在其上缘的棱脊粗壮。它的坐骨发达，略呈弯曲状。它的前肢比后肢略短，前足有四块腕骨，第四指退化，第五指消失。股骨比胫骨略短，跖骨约等于胫骨的一半，后足仅第四趾退化。

到目前为止只在亚洲大陆发现了鹦鹉嘴龙化石。除在中国北方发现了大量化石，在蒙古和苏联的乌拉尔以东也发现了化石。

鹦鹉嘴龙是原始的类型，并偶尔采用

你知道吗 ?

在超过 400 个鹦鹉嘴龙标本中, 只有一个被公布有病状。这个标本是由成年骨骼构成, 发现于中国义县组的下部地层, 并暂时性归类于蒙古鹦鹉嘴龙。这个标本没有骨折的迹象, 但右腓骨中间有非常明显的感染迹象。

🔍 鹦鹉嘴龙骨骼化石

目前已发现数个未成年鹦鹉嘴龙化石。最小的鹦鹉嘴龙化石是蒙古鹦鹉嘴龙的孵出幼体, 存放于美国自然历史博物馆中, 只有 11~13 厘米长, 头颅骨长 2.8 厘米。

两足行走。它的后肢和骨盆很发达, 是鸟臀目恐龙类的代表。它的前肢没有后肢粗壮, 但是为了进食方便会采取四足行走的姿势。上腭弯曲, 腭的前部无齿, 在颊部有齿。

鹦鹉嘴龙大部分时间生活在低洼的湖沼和河流的岸边, 主要以水边的柔嫩多汁的植物为食, 它们用坚固的角喙把植物切断, 再使用单列牙咀嚼食物。由于难以适应生活环境的变化, 所以生存时间较短, 很早就灭绝了。

🔍 发现于中国的鹦鹉嘴龙化石

一个保存极度良好的标本, 发现于中国辽宁省义县, 是提供恐龙亲代抚育的最佳证据之一。

冥河龙

冥河龙头颅化石

蒙大拿州立大学的杰克·霍纳研究了龙王龙唯一标本的颅骨，发现该化石是冥河龙幼年个体的。此外，他还指出冥河龙与龙王龙两者有可能都是厚头龙的幼年个体。

冥河龙是一种长相怪异的恐龙。它的体型和习性都与今天的野山羊很相似。头部有一个坚硬的圆形顶骨，而且布满了锐利的尖刺，看起来似羊非羊，似鹿非鹿。这种奇怪的头饰是用来干什么的呢？科学家研究发现，这很有可能是雄性用来争斗的武器。圆顶能承受猛烈的冲撞，角刺则用来刺伤敌人，充当御敌的武器。

1983年在美国蒙大拿州的地狱溪中发现了一具像地狱恶魔的遗骸的化石。在全部化石记录中，冥河龙那复杂而又精巧的头饰使它在同类（肿头龙类）乃至全部恐龙中都是最恐怖面目最狰狞的。

遗憾的是，由于没有发现完整的骨骼化石，我们对这种恐龙知之甚少，到目前为止只发现了五具冥河龙的头骨化石，以及一些零碎的身躯遗骸。专家从化石中推断出它的生活习性，冥河龙与其他肿头龙类生活在晚白垩纪的北美大陆上，它很有可能是两足行走，它的前肢细小，并长有坚硬的长尾巴。

科学家认为冥河龙头颅上的骨板只是用来装饰，主要是在繁殖季节吸引异性。通过研究已发现的冥河龙骨骼化石，专家发现大部分的肿头龙类头颅后部洞

头颅后侧有一对往后生长的尖角，这对尖角有6寸长、2寸宽

冥河龙模型

冥河龙的圆形头颅较小，两侧稍为平坦，成梨状

鼻部上有短、圆锥状凸起

你知道吗？

冥河龙的头颅骨板非常厚实，有一部分古生物学家认为雄性冥河龙之间是以互相碰撞头部来争夺伴侣，这类似当今的野牛。

网状结构都有愈合的趋势，这是为了增加头部的厚度，异常厚实的头颅表明冥河龙在肿头龙类中是演化比较先进的种类。

在冥河龙的栖息地还发现了霸王龙、艾伯塔龙等其他大型肉食性恐龙，这表明群居生活的冥河龙有比较复杂的社会结构。机警而敏捷的成年冥河龙担任着警戒任务，在敌人进犯时保护老弱的同类撤离，甚至与敌人格斗，很难想象，拥有极发达骨板与棘的冥河龙与霸王龙战斗时，场面是多么的血腥……

冥河龙

恐龙名称：冥河龙
拉丁文名：Stygimoloch
生存时代：白垩纪晚期，约 6500 万年前
食性：植食
恐龙种类：鸟臀目

冥河龙有独特的头饰

冥河龙的颅顶虽然较小，但其头部的头饰比其他厚头龙类的头饰还长。

卡通冥河龙造型

冥河龙与暴龙、三角龙共同生存在同一地区。

冥河龙头部特写

头颅的尖角可能作为展示物用，或者用来抵抗掠食者，或者与配偶以头角互相碰撞，如同鹿的行为。更有可能的是，鳞状骨上的角是在侧面碰撞时击伤对方用。

蜥鸟龙

蜥鸟龙

恐龙名称：蜥鸟龙
拉丁文名：Saurornithoides
生存时代：白垩纪晚期
食性：杂食
恐龙种类：蜥臀目

蜥鸟龙的前肢很小，身长2米，嘴里没有牙齿。从它的名称可以看出，它是一种长得与鸟很相似的恐龙，一些科学家认为它还长有羽毛，而且会飞，当然这是没有科学依据的。蜥鸟龙出现得比较晚，它刚好赶上恐龙时代的末班车。蜥鸟龙全长1.5～2米，臀部高0.8米。它眼睛很大，双腿细长，前肢较短，很善于奔跑。它的体态与现在的鸸鹋很相似。他属于杂食恐龙，但更喜欢吃植物。它的速度很快，这是它的保命手段。

蜥鸟龙的智商很高，可以说是所有恐龙中行为最活泼优雅的一类。它的体形就像一匹小马驹，身长如同一辆轿车。它修长而富有肌肉的双腿保障了它的速度和行动能力。蜥鸟龙的头盖骨很小，位于它细长的脖子顶端。它的脖子和它的所有骨架都很轻。

蜥鸟龙不挑食，而且食物来源很广。它既捕食小型动物，也吃嫩草。蜥鸟龙可以用长长的前肢和带爪的手扯断树枝，吃到最上等的嫩枝、浆果和花蕾。靠一双锐利的眼睛和细长的双腿，它可以追上小小的蜥蜴或者抓住空中飞行的昆虫。它把猎物塞进那张角质的无牙齿的尖嘴中，直接囫囵吞下。

蜥鸟龙

蜥鸟龙是已知的伤齿龙科中的一种。它与今天那些大个头的不会飞的鸟类有很多相同之处。

蜥鸟龙模型

蜥鸟龙拥有长而低矮的头部、扁平的鼻口、锐利的牙齿和相当大的脑部。科学家们推测蜥鸟龙拥有长前肢与用来抓握的手部，可用来捉住活的猎物，例如小型动物。

你知道吗

少数科学家，包括致力于搜寻地外文明计划（SETI）的法兰克·德雷克（Frank Drake）认为蜥鸟龙正处在发展出类似人类智能的演化路线上。德雷克使用蜥鸟龙来说明其他非人类物种，包含其他星球的生物，如何演化出高智能。

小头龙

小头龙骨骼化石

在阿根岸发现的小头龙部分骨骼化石。

　　小头龙生活在 7000 万年前的南美洲南端，它的化石标本是在 2000 年由阿根廷自然科学博物馆的奥尼拉斯·诺瓦等人发现的。它最独特的地方在于它的胸部两侧长有碟状骨(platelike)构造。过去只在奇异龙(Thescelosaurus)的身上发现过这样的特征，它们同属棱齿龙科。现生的鸟类和鳄鱼也出现了这样的构造。这很有可能是为了使它的肋间肌肉可以参与胸部的呼吸运动，与现代的鸟类相似。它胸部的碟状骨十分脆弱，经受不住撞击。而且两个碟状物是相互交叠的，现代的鸟类已经无法交叠了。专家里奇认为这两个盘状物在奔跑时可以保护恐龙的内脏。"鸟类身上的类似物使鸟的内脏稳定，不致在飞行时受到挤压。恐龙的情况也可能是类似的，用来在奔跑、运动时使胸腔稳定，保护内脏。"而美国华盛顿自然历史博物馆的专家则认为恐龙身上的碟状骨的功能还无法确定，因为鸟类身上的类似结构已经进化成钩状，这就说明它们的功能不可能是一样的。

　　2000 年，在阿根廷巴塔哥尼亚地区的别德马湖岸发现了小头龙的部分骨骼。这次发现的部分骨骼化石与上次发现的特征是相同的，可以证明是同一种恐龙的化石。

　　小头龙是已知的生活在白垩纪南美地区的少数几种植食恐龙之一。这说明了南部大陆草食性鸟臀目恐龙种类的多样性。在发现化石的地方，还发现了大量的常绿树木的遗迹，这说明小头龙活跃于树林里。

🔍 小头龙外形特征

小头龙最独特的是肋骨侧边的平滑、椭圆形骨板。这些骨板长度为18厘米，但厚度只有3毫米。

你知道吗？

小头龙是种基础禽龙类恐龙，化石发现于阿根廷圣克鲁斯省 Viedma 湖附近的地层。小头龙的模式标本（编号 MPM-10001）是一个天然状态的骨骸，缺少头颅骨后部、尾巴和手部。小头龙的最不寻常的特征是肋骨两侧的薄骨板。

🔍 小头龙

恐龙名称：小头龙
拉丁文名：Talenkauen
生存时代：白垩纪晚期
食性：杂食
恐龙种类：鸟臀目

剑角龙

剑角龙又叫顶角龙，在希腊文意为"有角的头顶"，属于草食性恐龙，是鸟臀目厚头龙下目，生存于晚白垩纪的北美洲。它身长2米。1902年劳伦斯·赖博（Lawrence Lambe）所命名。

剑角龙的化石相当完整，所以常被用来当成模型来完成厚头龙类的重建。目前发现的厚头龙类的化石大部分只有颅骨，而发现的剑角龙颅骨数目超过了其他的厚头龙类。

剑角龙头部特写

剑角龙的头冠呈圆拱状，越往脑后，骨突越大。

剑角龙的头颅骨厚度约为10厘米，它的头部后侧有一圈骨突。1971年彼得·加尔东（Peter Galton）提出，剑角龙的颅顶是雄性求偶时碰撞用的，就好像现今的山羊与麝牛的行为。也有专家认为这些颅顶是用来攻击掠食者的。如果颅顶是用在求偶时的碰撞，如果出现意外，很可能撞击到对方的颈部。

剑角龙部分化石

厚头龙类的化石大部分只有颅骨，而目前所发现的剑角龙颅骨数目超过其他的厚头龙类。

尽管如此，还有一些特征可以当做剑角龙以头互撞理论的依据，例如：充满肌肉的短颈部可将颅顶与颈部调整到正确的角度、强壮的背部可以承受来自头颅的撞击、充满肌肉的后腿能够承受冲击，并协助剑角龙保持位置。专家通过研究

剑角龙

恐龙名称：剑角龙
拉丁文名：Stegoceras
生存时代：白垩纪晚期
食性：植食
恐龙种类：鸟臀目

剑角龙外形特征

充满肌肉的短颈部可将颅顶与颈部对准在正确的角度，强壮的背部更能承受来自头颅的撞击，充满肌肉的后腿可能可以承受冲击。有专家认为剑角龙以头互撞。

进食中的剑角龙

剑角龙以树的叶、芽和灌木为食。

骨细胞的生长样式，发现它的头颅骨曾受到巨大的外来压力。

但是，目前还没有发现化石伤痕以支持这个理论。而罗伯特·巴克（Robert Bakker）提出剑角龙是以侧面或胸部来相互撞击，而并不是头部。

目前被大众所接受的理论是，厚头龙类以头部侧面互相碰撞。首先，头颅的形状会减少正面撞击时的接触面，这样就会使头部偏离。此外，厚头龙类的颈椎与前段背椎呈 S 形或 U 形弯曲，可以减少冲撞时的力量。最重要的是大部分厚头龙类的头部非常宽，可以保护内部重要的器官，这种特征支持了这种理论。

当第一次发现剑角龙的部分头颅骨时，人们一度认为它拥有腹肋（gastralia），但是鸟臀目恐龙通常是没有腹肋的。这个观点已改变，因为它们拥有骨化肌腱。

您知道吗？

剑角龙不是角龙，而是一种白垩纪晚期的肿头龙。它是目前被了解得最多的美洲肿头龙。这种恐龙大脑比较大，在"头盖"四周还分布一圈小小的骨刺。似乎雄性剑角龙的头盖更大一些，可能是因为要用来角斗的缘故。

剑角龙模型

有着厚厚的头盖骨
两足行走的草食性动物

棘 龙

棘龙和霸王龙

新发现的棘龙体形大得惊人，它很长，肯定也很重，超过了霸王龙及其他类似恐龙。

棘龙的嘴部特征

棘龙口鼻部布满圆锥状牙齿，牙齿上面缺乏锯齿，类似其他的棘龙科恐龙。颅骨的构造类似重爪龙，牙齿相对比较少。

棘龙的外形特征

棘背龙因为它们的体型、帆状物、修长的头颅骨而著名。

棘龙，意思为"有棘的蜥蜴"，是一种兽脚亚目恐龙，生存于白垩纪的非洲，约为9500万年前到9300万年前。目前还不确定棘龙属到底有一个种还是两个种，其中最著名的种是发现于埃及的埃及棘龙（Saegyptiacus），而另一个种是发现于摩洛哥的摩洛哥棘龙（Smarocannus）。棘龙化石是1910年由德国古生物学家恩斯特·斯特莫（Ernst Stromer）发现于埃及，并加以叙述的。但是化石标本在第二次世界大战时被摧毁，值得庆幸的是最近几年陆续发现了其他的头颅骨化石。棘龙背上有比较明显的长棘，是由脊椎骨脊突延长而成，长度达2米，在它的长棘之间可能会有皮肤连接，形成帆状物。但是有些专家认为这些长棘可能是由肌肉覆盖形成的隆肉或背脊。

对于这些帆状物的功能，当前还没有确定的说法。它的作用可能是调节体温或作展示物。根据最近的研究发现，棘龙可能是目前已知最大型的肉食性恐龙之一，比暴龙、鲨齿龙还大，但比南方巨兽龙小。这些推算显示棘龙身长可达16～18米，高度约为7米，体重为9吨，还有很多专家对这些数据表示怀疑。

棘龙科的名称来自于棘龙属，巴西的激龙与崇高龙（可能是激龙的异名）、英格兰南部的重爪龙、尼日的似鳄龙和泰国的暹罗龙（暹罗龙只有破碎的化石被发现）都属于棘龙科。棘龙与激龙有最接近的亲缘关系，它们都属于棘龙亚科，相同特征是都有笔直、无锯齿边缘的牙齿。目前关于棘龙的食物还存在疑问，有专家说它是陆地掠食者，还有人说它以鱼类为食。棘龙拥有延长的颚部、提高的鼻孔以及圆锥状牙齿，这就便于它捕

食鱼类。关于棘龙食性的唯一直接证据来自于它们的近亲，它是生活在欧洲与南美洲的重爪龙。在重爪龙的胃部曾发现鱼鳞与幼年禽龙的骨头。

在南美洲发现的一个翼龙类化石上嵌入着棘龙类的牙齿，很显然棘龙类偶尔也会捕食飞行初龙类。棘龙的食物来源可能很广泛，它是无特定目标的机会主义掠食者，很像现生的灰熊，最喜欢捕食鱼类，但如果遇到中小型的猎物，它也是不会手下留情的。

棘龙的帆状物

棘龙的帆状物功能仍未确定；科学家们已提出数个假设，包含调节体温、作为展示物。此外，如此明显的背部特征可使棘龙的外表看起来比较大，可威胁其他动物。主流学说仍然是调节体温。

你知道吗？

许多现代动物的复杂身体结构在求偶季节时具有吸引异性功能。这些恐龙的帆状物有相当大的可能性具有吸引求偶功能，类似孔雀的尾巴。斯特莫假设这些恐龙的雄性与雌性拥有不同大小的神经棘。如果属实，这些帆状物可能拥有耀眼的颜色，但这是完全建立于推测上的。

棘龙

恐龙名称：棘龙
拉丁文名：Spinosaurus
生存时代：白垩纪早期
食性：肉食
恐龙种类：蜥臀目

行进中的棘龙

背部突起很多骨头，表皮覆盖在这些骨头上，看起来就像小船上扬着的帆
有着一口锋利的牙齿
棘龙的前臂比后腿要小一些

恐爪龙

恐爪龙的骨骼化石

恐爪龙的化石发现于美国蒙大拿州与怀俄明州以及俄克拉荷马州的地层。

恐爪龙是兽脚类肉食恐龙，它的体型轻巧，极善于奔跑。身长约 3 米，具有锋利的牙齿和紧握的脚掌。它的尾巴坚硬，用来保持身体平衡。在每只脚的第二个趾头上长有巨大的镰刀状利爪。与犹他盗龙相同，恐爪龙也属于白垩纪时期的奔龙。

1964 年在美国的蒙大拿州第一次发现了恐爪龙化石。在它的大头上长着锋利的牙和坚固的下巴。它是两足站立的，前臂较短。每只手上有三个手指，且长着利爪。每只脚有四个脚趾，在其中一个脚趾上长着约 12 厘米的利爪。它的眼睛很大，说明它的视力很好。恐爪龙的智商很高，它们一起行动，速度飞快。恐爪龙属于肉食性动物，任何它可以捕杀并撕裂的动物都是它的猎物。

恐爪龙有一套比较特殊的捕杀本领：它利用它的利爪很容易将猎物开膛破肚，置猎物于死地。相比其他恐龙，它的前指特别的长，它的长度刚好能够抓住猎物，用有勾爪的脚去撕开猎物的肚子，画面相当血腥。

恐爪龙的发现，改变了人们以往的认知。与以往人们印象中那种笨重、臃肿、迟钝又恶心的恐龙形象不同，恐爪龙毫无疑问是专为速度和猎杀而出现的恐怖生物，在它的尾部有特殊的骨棒加固，这是为了在急速猎杀中保持身体平衡而进化出来的。

恐爪龙的二趾爪特征

似镰刀的第二趾爪是恐爪龙最著名的特征，但不同标本的第二趾爪的形状与弯曲度都有所不同。

你知道吗？

在 2006 年，克里斯登·帕森斯（KristenParsons）提出恐爪龙的幼年极接近成年标本，与成年的标本有着一些形态上的不同。例如，幼年个体的前肢在比例上较成年的稍长，显示可能幼龙与成年龙的行为亦有所不同。

恐爪龙

恐龙名称：恐爪龙
拉丁文名：Deinonychus
生存时代：白垩纪
食性：肉食
恐龙种类：蜥臀目

萨尔塔龙

萨尔塔龙

恐龙名称：萨尔塔龙
拉丁文名：Saltasaurus
生存时代：白垩纪晚期
食性：植食
恐龙种类：蜥臀目

白垩纪晚期，由于一些原因，大型的长脖子草食性恐龙已经很少出现了，取而代之的是禽龙、甲龙、角龙等。但是，在某些区域还生活着长脖子恐龙。它全长12米，髋部至地面约3米。从远处看，与已经灭绝近8000万年的雷龙很相似。但细细一看，你就会发现差别。原来，它的背部覆盖着背甲，有庞大的身躯和鞭子一样的长尾巴。萨尔塔龙比一辆公共汽车还要长，它生活在陆地上，天气炎热的时候也会在水中嬉戏。

1970年发现了五具不完整的萨尔塔龙的骨架，为专家研究其特征提供了依据。最令人惊奇的是，它的身上覆盖着数百个骨质的如纽扣或大头钉状的饰物，小的跟手指差不多，大的有成人的手掌那么大。这些纽扣、大头钉状物体是构成恐龙体甲的一部分。从这一特征我们可以推测出，萨尔塔龙的体表有圆形的骨质甲板分布，在这些甲板之间生长着数百个坚硬的小纽扣状饰物，主要起到了防御的作用。有了甲胄的保护，在面对敌人时可以保命的概率大大提高。为了吃到高处的食物，它可能利用长长的后肢和灵活的尾巴站立起来。

你知道吗？

在 1997 年，路易斯·齐亚比与他的团队在阿根廷巴塔哥尼亚的 AucaMahuevo 附近，发现了一个大型的泰坦巨龙类蛋巢。这些小型恐龙蛋，长度为 11 到 12 厘米，内部有石化的胚胎，这些完整胚胎拥有皮肤痕迹，但无法显示是否有任何真皮组织或是羽毛。

萨尔塔龙可以站立起来

萨尔塔龙是高度演化的蜥脚类恐龙之一，它们生存于 7500 万到 6500 万年前。

萨尔塔龙模型

萨尔塔龙每节颈椎都有一个骨质棘，髋带多出一节脊椎骨，尾椎拥有互相交锁球窝关节。

暴 龙

暴龙的双颚

暴龙的双颚是足以胜任狩猎工作的，像其他捕食动物一样，它的牙齿也是向后弯曲，牙尖朝着口部中央，这意味着，猎物在口中挣扎的时候，也只能向喉咙的方向逃跑。

暴龙

恐龙名称：暴龙
拉丁文名：Tyrannosaurus
生存时代：白垩纪晚期
食性：肉食
恐龙种类：蜥臀目

暴龙的意思是"暴君蜥蜴"，它是出现最晚，也是最大型、最凶猛的肉食性恐龙。它很有可能是地球上有史以来最大的陆生肉食动物，但它也难逃在白垩纪晚期灭绝的厄运。

暴龙拥有巨大的头部，长约12米。在它强而有力的颚部长着带锯齿边缘的牙齿，拥有庞大粗壮却与鸟类类似的两脚，指头上长有锋利的爪子。暴龙的前肢很小，甚至比人类的手都短。古生物学家认为，这样的形态很有可能是由它的猎食行为演化而来的。暴龙只用口捕猎，很少使用前肢，所以前肢就慢慢退化，也因此演变成由后肢站立。

暴龙虽然拥有庞大的身躯，骨骼却是空心的，而且头颅中有一些大而中空的洞，所以它的体重很轻，便于行走和捕猎。它的体长可达14米，高约5.5米，体重达7吨，它的尾巴又长又粗，是一个强力的攻防武器。因为以后肢及尾巴为重心，所以推测后肢和尾部的肌肉相当结实，破坏力惊人！

暴龙最早出现的时候是小型肉食恐龙，但后来演化成巨型恐龙，从解剖学分析可以轻易地看出暴龙与其他大型肉食性恐龙没有关系。

长久以来，暴龙一直被认为只有两根手指，直到2007年一个完整的

暴龙的外形

暴龙就像是一台骨骼破碎机。它在恐龙世界中的"暴君行径"是名不虚传的。

暴龙化石被发现，显示暴龙很可能具有三根手指。暴龙可能是顶级掠食者，食物来自于角龙下目与鸭嘴龙类恐龙。但部分科学家认为暴龙是食腐动物。虽然目前发现有其他兽脚亚目恐龙的体型与暴龙相当，甚至大于暴龙，但暴龙是最大型的暴龙科动物的地位无法动摇。

目前已经发现超过 30 个雷克斯暴龙的标本，其中就有数具完整度很高的化石。大量化石材料的发现，为科学家们研究暴龙生理的各个层面提供了依据，包括生长模式与生物力学，一些科学家甚至发现了软组织与蛋白质。但关于暴龙的食性、移动速度和生理机能还存在分歧。

暴龙两足行走，主要生活在白垩纪晚期的北美洲西部的广阔地域。目前，关于暴龙是动作迟缓的食腐动物还是动作敏捷的掠食性动物还存在很大争议，但有一点可以确认，它口中的猎物一定很大，而且它进食时一定非常血腥。暴龙可以说是有史以来最强的肉食性动物之一。

暴龙的首次问世

在 1907 年，巴纳姆·布朗在蒙大拿州发现了一个暴龙化石（编号 AMNH 5027）。这个标本使科学家们了解到暴龙具有粗短的颈部。

你知道吗？

1905 年被命名后，暴龙已经成为最广为人知的恐龙。暴龙也是唯一经常以完整学名 "Tyrannosaurus rex" 称呼的恐龙，而学名的缩写 "T. rex" 也经常被使用。罗伯特·巴克（Robert T.Bakker）在 1986 年的书籍《The Dinosaur Heresies》中解释暴龙完整学名为何常用的现象，他认为 "Tyrannosaurus rex" 的发音极具特色、吸引力。

面目狰狞的暴龙

与其他掠食动物相比，暴龙类的前肢相当短，不能在猎食过程中抓住并固定猎物。

暴龙的尾巴又长又粗，是一个强而有力的攻防武器

暴龙的前肢非常小，长度仅有1米

暴龙科特有的固定、拱形鼻部骨头比其他肉食性恐龙的未固定鼻部骨头更为坚固

惧 龙

惧龙的外表特征

惧龙在暴龙科中，与特暴龙、暴龙及分支龙同属于暴龙亚科。在这个亚科的动物都是较接近暴龙多于艾伯塔龙，特征都是较粗壮的体型：比例上较大的头颅骨及大腿骨。

惧龙骨骼化石

暴龙科内惧龙的化石算是稀少，但都足以提供数据作生物学、群体活动、饮食及寿命等的研究。

惧龙的头部特写

成年的惧龙约有60多颗牙齿，每颗牙齿都非常长。牙齿的横切面呈椭圆形而非剑形，在上颚末端前颌骨的牙齿却是呈D型的，这种异齿型在暴龙科中是非常普遍的。

惧龙属于暴龙科下的一属，生活于距今8000万年前到7300万年前的北美洲西部。

惧龙属与较晚出现的暴龙为近亲，在解剖学上有很多相同的特征。和其他已知的暴龙科类似，惧龙是双足猎食者，体重接近3吨。长着很多锋利的牙齿。它的前肢较小，与其他同科内的属相比较为长。体重与现今的白犀很接近。

惧龙与其他的暴龙科，如蛇发女怪龙生活在相同的地区，但是它们之间却有着生态位的差异。目前为止在暴龙科内发现的化石中惧龙是比较稀少的，但通过已发现的化石足以研究惧龙的生物学、群体活动、寿命及食性等。

与现今的猎食者相比，惧龙的体型相当庞大，但在暴龙亚科中它的体型就不是很大了。成年惧龙由鼻端至尾巴可达8～9米。平均体重约为2.5吨。

惧龙的头颅骨相当大，约有1米长。头颅骨特别坚硬，如在鼻端上的鼻骨是融合在一起来增加强度，而在当中的大型孔洞可以达到减低重量的目的。惧龙的牙齿属于异齿形，每只牙齿都非常长。牙齿

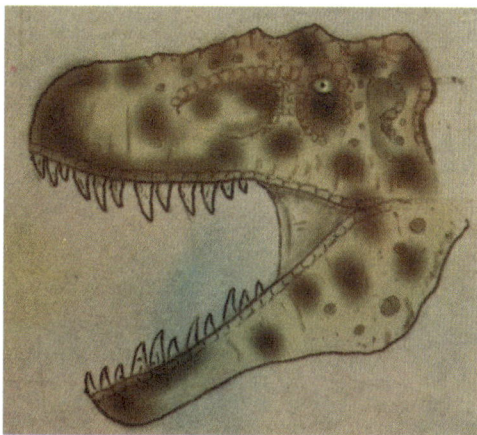

的横切面呈椭圆形而非剑形，在上颚末端前颌骨的牙齿却是呈 D 型的。

惧龙头颅骨所独有特征是上颚骨的粗糙外表面，及眼睛周围的眶后骨、颧骨和泪骨是明显隆起的。眼窝呈长椭圆形。

惧龙的颈部呈 S 型，支撑着它沉重的头部。它的前肢短小，只有二指，惧龙的前肢与身体比例在暴龙科中算是最长的了。它的质心位于臀部及有三趾的巨大后肢上。长着一条长而重的尾巴，用来平衡它的头部。

惧龙在暴龙科中，与暴龙、特暴龙及分支龙同属于暴龙亚科。在这个亚科的恐龙都比较接近暴龙，特征都是有较粗壮的体型：比例较大的头颅骨及大腿骨。

惧龙捕杀鸭嘴龙

惧龙可能猎食鸭嘴龙科（如短冠龙及亚冠龙）、细小的鸟脚下目（如奔山龙）、角龙科（如尖角龙）、肿头龙下目、似鸟龙下目、镰刀龙总科及甲龙下目。

你知道吗？

于 1990 年，报告于新墨西哥州发现了一个新的暴龙科标本（编号 OMNH 10131），包括头颅骨碎片、肋骨及部分后肢，并编入了可疑的后弯齿龙之中。后来很多学者都将这个标本，连同一些其它新墨西哥州发现的遗骸，重置为惧龙属中未命名的物种。

惧龙

恐龙名称：惧龙
拉丁文名：Daspletosaurus
生存时代：白垩纪
食性：肉食
恐龙种类：蜥臀目

惧龙复原图

呈 S 型的颈部支撑沉重的头部

有巨大的头颅骨，约有1米长

前肢非常的短小，只有二指

尾羽龙

董氏尾羽龙

和许多其他盗龙类一样，尾羽龙具有爬行动物、鸟类的混合特征。

尾羽龙

恐龙名称：尾羽龙
拉丁文名：Caudipteryx
生存时代：白垩纪
食性：杂食
恐龙种类：蜥臀目

尾羽龙不会飞行

尾羽龙的骨骼形态要比始祖鸟原始。它的头后骨骼形态表明它是一种奔跑型动物，还不会飞行。

尾羽龙属于蜥臀目兽脚亚目。它是一种新的兽脚类恐龙。尾羽龙和原始祖鸟个体大小相仿，甚至它们化石的保存姿态都十分类似，实际上它们是两类截然不同的动物。

尾羽龙的体形比较特别，它有着又短又高的头，它的嘴部几乎没有牙齿，只在吻部最前端发育着几颗形态奇特的向前方伸展的牙齿。它的前肢很小，尾巴也很短，但是脖子却非常长。在它的胃部，发现了石子，这就是现代鸟类胃中比较常见的胃石，可以用来磨碎和消化食物。在其他种类的恐龙当中胃石是比较常见的，但在兽脚类恐龙中发现胃石却是非常罕见的。最为奇特的是，在它的尾巴顶端长着一束扇形排列的尾羽，在它的前肢上也覆盖着一排羽毛。这些羽毛与现代的鸟类很相似，具有明显的羽轴，也发育有羽片。不同的是尾羽龙的羽片是对称分布的，而包括始祖鸟在内的鸟类的羽毛则是非对称分布的羽片。通常情况下，非对称的羽毛具有飞行功能。尾羽龙对称的羽片可能代表着鸟类羽毛演化的相对原始阶段。实际上，尾羽龙的骨骼形态要比始祖鸟更加原始。它的头后骨骼形态说明尾羽龙极善于奔跑，但还无法飞行。最新研究发现，尾羽龙和兽脚类恐龙当中的窃蛋龙类十分相似，这说明尾羽龙可能是一种原始的窃蛋龙类。

尾羽龙和原始祖鸟的发现具有重要意义。它们的发现在生物历史上第一次把羽毛的分布范围扩大到

鸟类之外。这说明羽毛在鸟类之前就出现了，羽毛不再是鸟类所独有的特征。从此之后如果发现长羽毛的动物化石，要仔细分辨它的骨骼形态，才能确定它属于肉食类恐龙还是鸟类。因为，羽毛不再是鸟类所独有的，它很有可能是一个长着羽毛，却无法飞行的肉食类恐龙！

尾羽龙是早期的窃蛋龙类，但最初被确认为鸟类。在尾羽龙胃里发现了胃石，说明它可能以植物为食。

尾羽龙骨骼化石

如果发现长羽毛的动物化石，必须仔细观察它的骨骼形态，才能确定它属于鸟类还是肉食类恐龙，因为，长羽毛的未必是鸟类，它有可能是一个长着羽毛，栖息于地面上的肉食类恐龙！

尾羽龙的外表特征

尾羽龙和始祖鸟个体大小相仿，甚至化石保存的姿态都非常相似，但是它们代表两类截然不同的动物。

尾羽龙模型

尾羽龙有着短、方形的头颅骨尾巴及前肢上有对称的正羽，上有羽枝与羽片，这些羽毛的长度为15～20厘米

你知道吗？

尾羽龙已经具有了真正的羽毛，但还不能飞行，这说明羽毛最初出现并不是为了飞行，很可能是为了保暖。因此，与羽毛演化还处于前羽阶段的中华龙鸟相比，尾羽龙在研究鸟类飞行的起源与演化上的意义要超过中华龙鸟。

特暴龙

特暴龙骨骼化石

大部分的特暴龙化石出土于蒙古南戈壁省。

特暴龙

恐龙名称：特暴龙
拉丁文名：Tarbosaurus
生存时代：白垩纪晚期
食性：肉食
恐龙种类：蜥臀目

特暴龙有着坚硬的头部

有些科学家提出假设，认为特暴龙的坚硬头部是种适应演化，用来猎杀耐梅盖特组的大型蜥脚类恐龙——泰坦巨龙类，因为晚白垩纪的北美洲并没有如此巨大的恐龙存在。

在亚洲发现的恐龙都非常特别，特别是在中国和蒙古发现的恐龙更加独特。要谈起特暴龙，还有一段有趣的故事。1902年，在北美洲发现了一种震惊世界的、当时最庞大、最凶猛的肉食性恐龙——暴龙。当时的古生物学家依照体形，推断出它是侏罗纪时期的霸主异特龙直接进化而成。这一观点一直持续到20世纪初。到了20世纪末期，考古学家根据其骨骼构造，否定了暴龙是异特龙直接进化而成的理论。但是现在的分歧是暴龙的近亲究竟是什么样的恐龙。古生物学家根据其身体构造，认为暴龙最早的祖先应该是三叠纪的腔骨龙。到了白垩纪末期，暴龙的类似品种出现了2种分支，一种是北美洲的恶霸龙，另一种是亚洲蒙古的特暴龙。

目前为止在亚洲发现过的最大肉食性恐龙就是特暴龙，它是凶猛的巨型肉食性恐龙，体型偏瘦。典型的特暴龙身长约10米，最高可以达到12米。身高约4米，重6~7吨，嗅觉灵敏，靠嗅觉追踪猎物的位置。

特暴龙生活在约7500万年前至6500万年前的今蒙古地区。有专家认为美国最受欢迎的恐龙很可能来源于亚洲，因为在白垩纪晚期，亚洲和北美洲在今天的白令海峡处有"陆桥"连接。所以，为了寻找食物，亚洲的恐龙很有可能迁徙到北美洲。

特暴龙生活于潮湿的平原，周围布满了河道。特暴龙处于食物链的顶端，是一种顶级肉食性动物，可能以大型恐龙为食，例如蜥脚类的纳摩盖吐龙或鸭嘴龙类的栉龙。特暴龙的化石记录保存良好，已发现数十个标本，包含数个完整的头颅骨与骨骸。为科学家详细研究特暴龙提供了依据。

特暴龙捕食猎物

如同大部分已知的暴龙科恐龙，特暴龙是种大型、二足掠食者，重达数吨，拥有数十颗大型、锐利的牙齿。

展览中的特暴龙化石

自从苏联与蒙古的挖掘团队在 40 年代的挖掘过后，一个波兰与蒙古的挖掘团队再度回到戈壁沙漠挖掘，从 1963 年持续到 1971 年，发现了许多新的化石，并发现特暴龙的新标本。

你知道吗？

大部分的特暴龙化石出土于蒙古南部的耐梅盖特组。这个地层组没有经过放射性同位素计年，但根据该地化石记录中的动物群，耐梅盖特组的年代可能为晚白垩纪的马斯特里赫特阶。马斯特里赫特阶约为 7000 万年前到 6500 万年前。

特暴龙彩绘图

特暴龙的隅骨侧边棱脊连接着齿骨后方的方形突，使它们的下颚无法灵活地内外扳动。

特暴龙的颈部为 S 状弯曲

特暴龙有着暴龙科中最小的前肢与身体比例，有两根迷你的手指

窃蛋龙

窃蛋龙的运动能力

窃蛋龙身长约 2 米，大小如鸵鸟，长有尖爪，长尾。推测其运动能力很强，行动敏捷，可以像袋鼠一样用坚韧的尾巴。保持身体的平衡，跑起来速度很快。

窃蛋龙骨骼化石

1923 年人们第一次发现窃蛋龙的化石时，同时发现了一窝恐龙蛋和一只原角龙的化石，美国纽约自然博物馆的馆长奥斯本认为它是在偷吃原角龙的蛋，所以把它命名为窃蛋龙。

窃蛋龙外表特征

窃蛋龙属于小型恐龙，它的头短，头上有骨质头冠，口中没有牙齿，利用两个尖锐的骨质尖角进食。

窃蛋龙，属于小型兽脚亚目恐龙，身长只有 1.8 ~ 2.5 米。生存于白垩纪晚期，窃蛋龙大小就像现代的鸵鸟，长有尖爪、长尾，专家推测有很强的运动能力，行动敏捷，可以用尾巴保持身体的平衡，跑起来速度很快。

1923 年当人们第一次发现窃蛋龙的化石时，在它周围还发现了一窝恐龙蛋和一只原角龙的化石，人们就联想到了窃蛋龙可能是在偷食原角龙蛋的时候死亡的，于是美国纽约自然博物馆的馆长奥斯本把它命名为窃蛋龙。

窃蛋龙喜欢群体生活，母窃蛋龙把卵产在用泥土筑成的圆锥形的巢穴中。巢穴中心深 1 米，直径 2 米，每个巢穴相距 7~9 米远。有时窃蛋龙用植物的叶子覆盖在巢穴堆上，利用植物在腐烂过程中产生的热量来孵蛋，这就叫自然孵化。

窃蛋龙体形较小，最明显的特征就是头部短，头上有一个高耸的骨质头冠，十分显眼。它的口中没有牙齿，它是利用两个尖锐的骨质尖角进食，这对尖角就好比一对叉子一样，具备了牙齿的功能，其作用和现生鹦鹉的喙类似。

生活在蒙古的窃蛋龙除了食用有限的植物果实以外，还会利用喙部坚硬的骨质尖角去找寻其他的食物，因为它可以很容易地刺穿软体动物的外壳，所以专家推测窃蛋龙很可能是一种杂食性的恐龙，或许它真的会去偷食其他恐龙的蛋。

窃蛋龙的前肢很强壮，在每个掌上还长着三个手指，上面都有尖锐弯曲的爪子。第一个指比其他两个指短很多。第一个指可以向着其他两个指呈弧状弯曲，可以把猎物牢牢抓紧。从窃蛋龙的腿部，可以看出它可以高速奔跑。

窃蛋龙在偷蛋的过程中如果被发现，那么它唯一能选择的就是飞速逃离。此外，窃蛋龙喜欢群体生活，而且可以自己进行孵化抚育活动。

窃蛋龙可能会孵蛋

许多科学家认为窃蛋龙并不偷窃其他恐龙的蛋，反而有孵蛋的功能，所以许多科学复原图把窃蛋龙身上画了许多毛。

窃蛋龙

恐龙名称：窃蛋龙
拉丁文名：Oviraptor
生存时代：白垩纪晚期
食性：杂食
恐龙种类：蜥臀目

你知道吗？

由于它们类似鸟类的奇异外型，以及偷蛋者的名声，偷蛋龙常成为虚构恐龙的主题之一。然而，几乎所有目前常见的偷蛋龙叙述，其实是根据早期所重建出的高冠饰偷蛋龙科恐龙形象，该形象目前被认为是葬火龙，而非偷蛋龙目前标本的样貌。

窃蛋龙模型

头部有独特的冠饰，类似食火鸡，窃蛋龙的前肢很强壮，每个掌部上还长着三个手指，上面都有尖锐弯曲的爪子，两条长长的后腿与腿上三个壮实的爪，它可以高速奔跑

河神龙

河神龙头颅化石

　　科学家至今只从地层发现了三个河神龙的头颅骨及一些颅下骨，所有标本都存放在波兹曼的落基山博物馆。成年的河神龙头颅骨连周边的角超过 1.6 米长。

　　河神龙，又名阿奇洛龙，属于尖角龙亚科下的一个属，活动在白垩纪的北美洲。河神龙是四足草食性恐龙，属于中型的角龙，身长约 6 米，长着像鹦鹉的喙，在它的鼻端及眼睛背后有隆起的部分，在颈的末端长有两只角。

　　河神龙属及其下的唯一一种河神龙都是由古生物学家史考特·山普森在 1996 年命名的。它的化石是由著名的美国古生物学家杰克·霍纳(Jack Horner)在蒙大拿州发现的，为了纪念他而把化石命名为河神龙。河神龙属的名字则是参考了希腊神话。阿克洛奥斯（Achelous）是古希腊的河神，它的一只角被英雄海格力斯所割断。已发现的三个河神龙头颅骨都在同一位置上出现了隆起，因为其他的角龙在该位置都出现了角，就像它的角被拔掉一样。阿克洛奥斯的另一项能力是改变外形，而河神龙就像是其它角龙特征的混合体。

早期研究认为河神龙是有着改良了角的角龙（如野牛龙）和没有角的厚鼻龙之间的进化形态。但是它们不是同一个血统，而只可能是近亲。所以它们被分类在角龙科下尖角龙亚科的厚鼻龙中。

河神龙

恐龙名称：河神龙
拉丁文名：Achelousaurus
生存时代：白垩纪
食性：植食
恐龙种类：鸟臀目

你知道吗❓

白垩系的划分以欧洲海相地层为依据，最初以菊石为标准分6～7个阶（期），后来将某些亚阶升级，增加到现在的12个阶（期），但仍有人习惯于把下白垩统下部的4个阶合称为尼欧可木阶（或译纽康姆阶）。上白垩统中部的康尼亚克、桑顿和坎潘3个阶合称为森诺阶。

河神龙的发掘

河神龙是在美国的蒙大拿州地层的最表面被发现的。说明它存在的时期距现在相对较近。

尖角龙

群体生活的尖角龙

专家研究发现尖角龙很可能是过着群居生活的，而且经常活动在河流的周边。

尖角龙意为"长尖角的恐龙"。生存在8000万年前白垩世晚期，以低矮的植物为食。

曾经在加拿大艾伯塔省的红鹿河谷内发现过几百块尖角龙化石。这就为研究尖角龙提供了可靠的依据。通过这些化石不但可以推断出尖角龙的形态，还可以了解到尖角龙的生活习性。尖角龙的长度和大象差不多，高度和一个成年人类似。在它的鼻骨上方有一个角，再配合上粗壮的身体，与一只大犀牛很相似。

在它的脖子上方有一个骨质颈盾，边缘有一些小的波状隆起。专家认为，这个颈盾很像是地位的象征。一些尖角龙的颈盾上可能还会有一些亮丽的色彩，用来吸引异性。

在相对瘦弱的身体上长着硕大的头和颈盾，这就需要它有很强壮的颈部和肩部。即使是稍微晃动一下头部，它的骨骼也会承受很大的压力。所以它的颈椎紧锁在一起，有很强的承受力。

在尖角龙的发掘地，专家发现一些骨骼已经破碎。这些骨骼看上去就像被别的动物踩过一样。这些破损很可能是在尖角龙群试图趟过一条水流湍急的河流时，惊慌失措，互相踩踏造成的。

尖角龙

恐龙名称：尖角龙
拉丁文名：Centrosaurus
生存时代：白垩纪
食性：植食
恐龙种类：鸟臀目

你知道吗？

2009 年的一份研究，比较了三角龙与尖角龙的颅骨损伤，提出这些损伤应该是物种内打斗行为留下的，由于抵抗掠食动物造成的可能性较小。

尖角龙的颈盾

在尖角龙的脖子上方有一个骨质颈盾，边缘有一些小的波状隆起。科学家认为，这个颈盾可能是地位的象征。

三角龙

公园中的三角龙

三角龙确定是四足动物，它们的姿势长久以来处于争论中。三角龙的前肢起初被认为是从胸部往两侧伸展，以助于承担头部的重量。

三角龙复原图

三角龙的坚硬头颅骨使得许多头颅骨被保存下来，以供科学家们研究不同种与个体间的变化。除了科罗拉多州与怀俄明州之外，随后在美国的蒙大拿州与南达科他州也发现了三角龙的化石。

三角龙头颅化石

第一个被命名为三角龙的标本，于1887年发现于科罗拉多州丹佛市附近，由一个头颅骨顶部，与附着在上面的一对额角所构成。

三角龙属于鸟臀目角龙下目角龙科的一属，且是草食性恐龙。它的化石发现于北美洲的晚白垩纪地层，约6800万年前到6500万年前。因为三角龙属于最晚出现的恐龙之一，所以它的化石经常被当作晚白垩纪的代表化石。

三角龙是一种中等大小的四足恐龙，全长有7.9～9米，臀部高度为2.9～3米，重达6.1～12吨。它们有相当大的头盾，以及三根角状物。

1887年起就发现了大量不完整的骨骼标本，但是遗憾的是至今仍没有完整的三角龙骨骸被发现。关于它们的三根角以及头盾的功能仍存在分歧。被大家所认可的是用来抵抗敌人的武器，但最新的理论认为这些结构可能是用来求偶，以及展示自己在族群中的地位，与现代驯鹿、山羊、独角仙的角类似。

与犀牛的角不同，三角龙的角则是由实心的骨头构成的，所以拥有很强的破坏力。根据最新科学研究发现，三角龙的角可以承受163吨左右的力量，这相当于一辆大卡车的重量。毫无疑问，三角龙已经演化出坦克一般的身体，它无疑是白垩纪最强的草食恐龙之一，但仍然逃不过暴龙的猎杀。

三角龙最显著的特征是它的大型头颅。它的头盾可超过2米。在三角龙的口鼻部的鼻孔上方和在眼睛上方都出现了一对角状物，长达1米。头颅后方则是相对短的骨质头盾，与大多数有角盾恐龙不同的是，它的头盾很坚硬。

三角龙有结实的体型、强壮的四肢，前脚掌有五个短蹄状脚趾，后脚掌则有四个

短蹄状脚趾。关于三角龙的姿势长久以来有很多争议。三角龙的前肢最初被认为是从胸部往两侧伸展，以助于承担头部的重量。最新发现的角龙类的足迹化石和近期的骨骼重建表明，三角龙在正常行走时保持直立姿势，但肘部略微弯曲，居于完全伸展与完全直立两种说法的中间。但这种结论还存在争议。

三角龙独特的外形，使它受到大众的喜爱。它经常出现在现代的电影、电脑游戏和电视节目中。在1993年的电影《侏罗纪公园》中，就出现了一只因为不适应现代植被而生病的三角龙。

三角龙头部特写

三角龙最显著的特征是它们的大型头颅，是所有陆地动物中最大的之一。它们的头盾可超过2米，占整个身长的1/3。

三角龙

恐龙名称：三角龙
拉丁文名：Triceratops
生存时代：白垩纪晚期
食性：植食
恐龙种类：鸟臀目

你知道吗？

虽然三角龙常被描述成群居动物，但目前很少有直接证据显示它们为群居动物。有些角龙类恐龙的发现地点常有数十或数百个个体，但目前只发现有一个三角龙的尸骨层，该尸骨层位在蒙大拿州南部，只包含3个幼年个体。

三角龙模型

有非常大的头盾，以及三根角状物
前脚掌有五个短蹄状脚趾
后脚掌则有四个短蹄状脚趾

包头龙

正在饮水的包头龙
包头龙只有腹部是没有装甲的。就像箭猪一样，要伤害它就必须将它翻转。

包头龙

恐龙名称：包头龙
拉丁文名：Euoplocephalus
生存时代：白垩纪晚期
食性：植食
恐龙种类：鸟臀目

包头龙又名优头甲龙，是甲龙科下最巨大的恐龙之一。包头龙约有6米长，重达2吨。它的身体宽2.4米，身体离地面较近而且四肢较短。它的后肢比前肢大，四肢都有像蹄的爪。

包头龙的头颅骨是扁平、厚及呈三角形的，头颅内只有很小的空间来存放脑部。口部是有角的喙，牙齿小且很像钉子。它的颈部很短。如果说甲龙类是些身披重甲的食素恐龙，那么包头龙更是进化到了极致，连它的眼帘上都披有甲板。它全长6米，除了全身覆盖重甲外，在重甲上还长有尖利的骨刺，远处看就像身上插着匕首。它的尾巴坚硬，尾端还有沉重的骨锤，当遇到袭击时，它会挥动尾锤，用力抽打掠食者的腿部。与其他甲龙相似，它有水桶般的身躯，有一个极其复杂的胃，可以慢慢消化食物。

包头龙生活于8500万年前到6500万年前。包头龙是草食性的恐龙。它的鼻子结构十分复杂，拥有灵敏的嗅觉。它的四肢很灵活，可以用来挖掘坑洞。由于牙齿不发达，所以可能只吃低处的植物及浅的根茎。

包头龙外表特征
包头龙鼻子结构复杂，可能它的嗅觉很灵敏。四肢很灵活，有可能用作挖掘坑洞。由于牙齿很弱小，故它们可能只吃低处的植物及浅的根茎。

包头龙的尾槌
包头龙的尾巴末端是一个骨质的尾槌。它的尾巴有发达的肌肉，可以随意地向两边挥动尾槌来防卫。

由于已发现的骨骼化石都是分离的，所以通常认为甲龙下目都是独自生活的。但是在1988年发现22头包头龙幼体族群后，专家认为包头龙可能是，或最少在幼体时以族群形式生活。

包头龙只有腹部是没有甲覆盖的。与现代的箭猪类似，要伤害它就要将它反转。在加拿大艾伯塔省进行的恐龙骨骼研究支持这个观点，显示在鸭嘴龙化石上出现了很多咬痕，而在甲龙下目下则没有。捕食包头龙是很危险的，因为一不小心就会被它的尾巴击中，会受到严重的伤害。

1902年古生物学家劳伦斯·赖博发现了首个包头龙的标本（完模标本），并命名为"Stereocephalus"。但是这个名称已被使用，所以在1910年更名为包头龙。这个名字在很多时都被误拼，它曾一度被认为是甲龙。

包头龙复原图

在加拿大艾伯塔省及美国蒙大拿州一共发现了超过40头包头龙的化石，使得它成为资料最多的甲龙下目。

你知道吗？

在白垩纪，盘古大陆完全分裂成现在的各大陆，但是它们和现在的位置全不相同。大西洋还在变宽。北美洲自侏罗纪开始，形成多排平行的造山幕，例如内华达造山运动，与之后的塞维尔造山运动、拉拉米造山运动。

包头龙模型

整个头部及身体都由装甲带所保护

尾巴是由硬化的组织组成，与尾骨结合在一起

副栉龙

正在进食的副栉龙

副栉龙使用它的喙状嘴来切割植物，并送入嘴部两旁的颊部。它们的进食范围为离地面约 4 米以上的范围。

副栉龙雕塑

作为一个大型物体，副栉龙的冠饰可作为明确的视觉辨认物，与同时代的其他动物做区隔。

正在休息的副栉龙

副栉龙以头盖骨上大型、修长的冠饰得名，冠饰往头后方弯曲。

副栉龙，意为"几乎有冠饰的蜥蜴"，属于鸭嘴龙科，生活在晚白垩纪的北美洲，约 7600 万年前到 7300 万年前。它的化石发现于亚伯达省、新墨西哥州和犹他州。副栉龙是草食性恐龙，可以用二足或四足方式行走。

1922 年，William Parks 借由在亚伯达省发现的一个头颅骨与部分骨骸首次叙述了副栉龙。副栉龙的最亲近物种应是在中国发现的卡戎龙。副栉龙的显著特征就是它的冠饰。关于它的主要功能还存在争议，目前的观点有：辨别性别与物种、共鸣器以及调节体温。副栉龙是目前已知的少数保存良好标本的鸭嘴龙类。

在鸭嘴龙科恐龙的头上都有一块形状怪异的隆起，其中副栉龙的最特别。有专家说那块怪异的隆起是在水中呼吸的器官，这没有科学依据。副栉龙的头冠长在它的鼻骨上，充满了通道。空气可以从鼻孔吸入，经过这些通道才能进入肺部。这些通道就像发声器，好比圆号中弯曲的管子。副栉龙的身体上有凹陷处，可以把长长的头冠的顶端搁在上面，

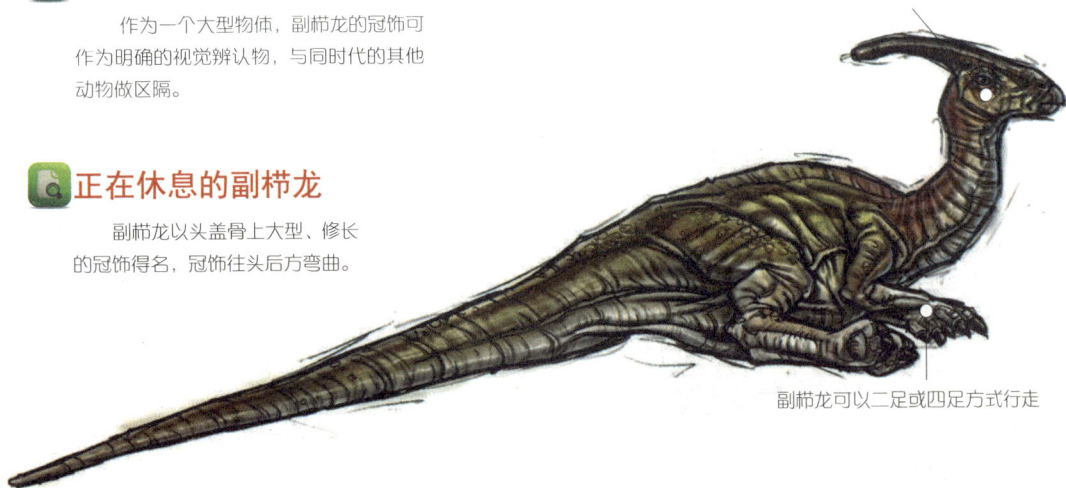

副栉龙可以二足或四足方式行走

就像挂物架一样。

副栉龙的前肢非常强健，当它四足行走时用来支撑体重，还可以用于游泳和涉水。在陆地上吃东西的时候，它可以靠四足站立。它的警惕性很高。当它受到惊吓时，就可以快速奔跑并将尾巴伸直来保持身体的平衡。当需要够高树上的叶子时，它会用后腿站立起来。副栉龙有一条可以左右摆动的尾巴。由于它的防御手段非常少，这个大尾巴在对付敌人时就发挥了作用。当遇到敌人时它可以靠大尾巴游到安全的深水区，把掠食者甩在后面。

副栉龙的顶饰大概标志着它的性别和年龄。专家通过头骨化石发现，成年雄性副栉龙的顶饰要比同一种群中幼龙和雌性龙的顶饰要大。副栉龙可以用它们的顶饰发出声响，使同伴可以听到。它可以通过管状顶饰内的空气发生震动，从而发出吼叫声。这种声音不仅可以使副栉龙相互识别，更能提醒同伴危险的来临。

副栉龙的骨骼化石

沃克氏副栉龙的化石发现于恐龙公园组，该地层有许多保存良好且多样性的史前动物群化石，包含许多著名的恐龙，例如：角龙科的尖角龙；鸭嘴龙类的原栉龙、格里芬龙。

你知道吗？

有些科学家认为，副栉龙的顶饰是用来扫清挡路的树叶，或作为空气的"贮存罐"，这个硕大的顶饰也可能有助于恐龙相互识别。

副栉龙的头冠特写

现在认为副栉龙冠饰有数种功能：辨别物种与性别的视觉展示物、沟通用的扬声器和调节体温。目前不确定在冠饰与内部鼻管的演化过程中，哪种功能是最重要的。

副栉龙

恐龙名称：副栉龙
拉丁文名：Parasaurolophus
生存时代：白垩纪晚期
食性：植食
恐龙种类：鸟臀目

禽　龙

禽龙的牙齿

禽龙最先被注意到的特征之一，是它们具有草食性爬行动物的牙齿，但科学家对于它们如何进食，则没有共识。

行进中的禽龙

随着禽龙年龄的增长，以及体重的增加，它们将更常采取四足行走的形态。

四足行走的禽龙

禽龙前手拇指有一尖爪，可能用来抵抗掠食动物，或是协助进食

禽龙，属于蜥形纲鸟臀目鸟脚下目的禽龙类。它是大型草食性动物，身长 9 ~ 10 米，高 4~5 米，在前手拇指生有一尖爪，应该是用来抵抗掠食者。它们主要生存于 1.4 亿 ~ 1.2 亿年前的白垩纪早期。

禽龙的化石多数发现于欧洲的英国、德国、比利时，在北美洲、亚洲内蒙古以及北非发现了疑似禽龙化石。

在斑龙之后，禽龙是世界上第二种正式命名的恐龙。1822 年首次发现了禽龙化石。1825 年英国地理学家吉迪恩·曼特尔对禽龙进行了描述。禽龙、斑龙以及林龙为最初用来定义恐龙总目的三个属。

随着禽龙化石的不断发现，人们对禽龙的了解越来越详细。从两个著名河床发现了接近完整的骨骸，人们对禽龙的进食、运动以及社会行为有了深入的了解。禽龙的重建图也更加详细与准确。

禽龙是大型的草食性恐龙，用二足或四足方式行进。最著名的种为贝尼萨尔禽龙（Ibernissartensis），成年体的身长约 10 米，有些标本甚至长达 13 米。

禽龙的前肢长而粗壮，尤其是贝尼萨尔禽龙，其前肢长度大约是后肢的 75%，手部不灵活，不易弯曲。它的拇指是圆锥尖状，与中间三根主要的指骨垂直。在一

禽龙的嘴部闭合时，上下颚的颊齿表面会互相磨合，可磨碎中间的食物

些早期的重建图里，尖状拇指被放置在禽龙的鼻子上。

后来发现的禽龙化石则表明了拇指尖爪的正确位置，但关于它们的真实作用还存在着分歧。在搜索食物时可能发挥重要作用。小指修长相当灵活，可能用来操作物体。后腿强壮，但不善于奔跑，每个脚掌有三个脚趾。骨干与尾巴由骨化肌腱支撑（这些棒状骨头在模型或绘画中经常被忽略）。禽龙与较晚出现的近亲鸭嘴龙类，在身体结构上很相似。

你知道吗？

因为禽龙是最早被命名的恐龙之一，过去曾有许多的种被归类于禽龙属。禽龙并没有如其他早期恐龙一样成为"未分类物种集中地"，例如斑龙与畸形龙，但禽龙仍拥有复杂的分类历史，而它们的分类仍持续地接受重新审查。

禽龙可能是两性同形动物

不像其他被假设的群居动物，例如鸭嘴龙类与角龙科，目前还没有证据显示禽龙为两性异形动物。

禽龙

恐龙名称：禽龙
拉丁文名：Lguanodon
生存时代：白垩纪早期
食性：植食
恐龙种类：鸟臀目

禽龙

禽龙是恐龙公园里的"明星"。自从1825年首次被叙述以来，禽龙已成为大众文化的常见主题之一。

豪勇龙

正在饮水的豪勇龙

豪勇龙的隆肉可能用来储藏脂肪或水，以度过季节性、干旱的气候，如同骆驼。隆肉储藏脂肪或水，也可能是为了长途迁徙。

豪勇龙骨骼化石

在 1966 年，法国古生物学家菲利普·塔丘特（Philippe Taquet）在尼日阿加德兹沉积层发现了两个完整化石，并在 1976 年正式叙述命名。

豪勇龙意为"勇敢的蜥蜴"，属于禽龙类，生存于早白垩纪，约 1.1 亿年前的非洲。豪勇龙身长 7 米，重达 4 吨。1976 年，由法国古生物学家菲利普·塔丘特（Philippe Taquet）正式叙述和命名。

豪勇龙曾经被认为在背部有大型帆状物，由厚且长的脊椎柱支撑，长度约 50 厘米，并横跨整个背部与尾巴，跟同一时期著名的肉食恐龙棘龙很相似。

事实上，这些神经棘跟棘龙的帆状物有很大的不同。棘龙的棘柱末端变细，而豪勇龙的棘柱末端则变厚。豪勇龙的棘柱由肌腱连接在一起，棘柱长度在前肢位置达到最长。很明显豪勇龙并没有帆状物，只是有类似美洲野牛的隆肉。

在豪勇龙的每个手上都长有拇指尖爪，但比稍早出现的禽龙的拇指尖爪小。中间三个指骨宽广，像蹄状，它的结构很适合行走。它的最后一节指骨很长，可能是用来挑起树叶、树枝等，或是将高处的树枝压低。

豪勇龙的口鼻部比其近亲禽龙的口鼻部还长，且口鼻部由角质鞘包裹着。它的鼻孔大，且离口部非常近。有个不规则隆起位于鼻孔到头颅骨顶部之

豪勇龙的隆肉的作用

豪勇龙隆肉也可能有吓阻作用，使得豪勇龙看起来比实际体型大，威吓竞争对手或掠食者。

间，作用未知，很可能有求偶的功用。

豪勇龙属于草食性恐龙，嘴部前方没有牙齿，而且是喙状嘴，与现生的鸭嘴兽很相似。在豪勇龙嘴部两侧分布着大群牙齿，可以用来咀嚼植物。在它的下颌前方有前齿骨。

豪勇龙的颞颥孔位于眼睛后方，附着在下颌骨头的冠状突上。冠状突提供下颌肌肉更大的附着面积，可以提供很强的咬合力。另一个较小的下颌肌位于头颅骨后方。

虽然豪勇龙与禽龙拥有很多相同的特征（例如尖状拇指），但是它并不属于禽龙科，禽龙科目前被认为是并系群。豪勇龙属于鸭嘴龙总科，而鸭嘴龙总科包含了鸭嘴龙类与它们的近亲。豪勇龙并不是最机灵敏捷的恐龙，所以它的拇指钉就是最锋利的武器。它可以刺伤进攻者，就像匕首一样。

你知道吗？

虽然豪勇龙与禽龙拥有某些相似处（例如尖状拇指），但豪勇龙并不置于禽龙科，禽龙科目前被认为是并系群。豪勇龙被置于鸭嘴龙总科，鸭嘴龙总科包含了真鸭嘴龙类与它们的近亲。豪勇龙应是鸭嘴龙总科的早期特化支系。模式种是尼日豪勇龙（O.nigeriensis）。

豪勇龙有一个独特的"帆"

豪勇龙生存的时候，夜间寒冷，白天则又干又热。它的"帆"大概可以帮助它保持体温的稳定。

豪勇龙

恐龙名称：豪勇龙
拉丁文名：Ouranosaurus
生存时代：白垩纪
食性：植食
恐龙种类：鸟臀目

豪勇龙模型

鼻孔大，且离口鼻部非常近。后肢大而结实，以支撑身体重量。

兰伯龙

兰伯龙的食性

兰伯龙是草食性恐龙，可用二足或四足方式行走，以釜头状冠饰而著名。

兰伯龙是草食性恐龙，它的皮肤上有卵石状花纹，皮肤上的鳞片镶嵌在一起组成有规则的图案。兰伯龙一般采用四足走路，但当面临危险时，它会发挥自己的速度优势，用两条强壮的后腿快速逃脱。它拥有很好的视力和灵敏的听觉，可以时刻注意着危险的来临。

兰伯龙头上长着顶饰，而完全成长的兰伯龙有釜状冠饰，而那些被推测为雌性的化石，冠饰较短、较圆。斧状冠饰的刀锋部分是从眼睛前方突出，而把柄部分是从头颅后方延伸出来的坚硬骨棒。斧状冠饰的刀锋分成上下两部分，最上缘部分相当薄，会随着年龄的增长而缓慢成长。它的鼻管从冠饰下部的空心部分穿过。大冠兰伯龙的冠饰把柄部分较小，而刀锋部分则比较大。目前兰伯龙保存最好的标本，只有冠饰的前半部。目前为止还没发现窄尾兰伯龙与条纹兰伯龙的冠饰。不过要辨认窄尾兰伯龙也比较容易，可以通过它的体型与尾巴辨认，而且它具有延长的人字形骨与神经棘，与亚冠龙相似。

兰伯龙的头骨有 2 米长，口中长有上百颗小而尖的牙齿，可以嚼碎松针、嫩枝和松果。牙齿被磨损掉之后，会长出新的牙齿。兰伯龙也是鸭嘴龙的一种，而且很有可能是最大的一种，它体长可达十米，几乎与霸王龙一样巨大，不同的是兰伯龙是温顺的草食恐龙。

兰伯龙的头饰

如同其他的冠族，如副栉龙、冠龙，兰伯龙头顶也有独特的中空冠饰，兰伯龙的鼻管绕经这个冠饰，使得冠饰大部分为中空。

兰伯龙

恐龙名称：兰伯龙
拉丁文名：Lambeosaurus
生存时代：白垩纪晚期
食性：植食
恐龙种类：鸟臀目

你知道吗？

兰伯龙使用喙状嘴切割植物，并置于颌部旁的颊部空间。它们以离地面约 4 米以下的植被为食，兰伯龙亚科的喙状嘴比鸭嘴龙亚科的狭窄，显示赖氏龙与其近亲的进食内容较鸭嘴龙亚科更为限制。

肿头龙

肿头龙的生活习性

肿头龙可能喜欢过群体生活。成年雄性个体通过撞头确定群体的领袖。在繁殖季节，它们也可能以这种方式决出胜负，胜者与雌性个体交配。

肿头龙生活于白垩纪末期，分布在美国南达科他州、怀俄明州以及蒙大拿州。

肿头龙科恐龙是一类长相奇特的鸟脚类恐龙。它们的头盖骨异常肿厚，而且有一个突出的圆顶，头颅极其坚硬。典型代表就是肿头龙。

目前为止只发现了肿头龙的颅骨化石，所以还不清楚肿头龙的生理结构。肿头龙最显著的特征是有大型的骨质颅顶，厚度可达25厘米，可以起到保护脑部的作用。颅顶后方有骨质瘤块，而口鼻部有往上的短骨质角，这些短角可能很钝。

肿头龙的头部短，上有大型、圆形眼窝，朝向前方，表明它有很好的视力，甚至可能有立体视觉。厚头龙的嘴是喙状嘴。牙齿小，齿冠呈叶状。颈部呈S或U形弯曲。

肿头龙可能是二足恐龙，并且是颅顶最大的恐龙。专家推测厚头龙身长约4.6米，并拥有粗短的颈部，前肢较短、后肢较长以及可能由骨化肌腱来支撑的尾巴。

肿头龙可能喜欢群体生活。群体的领袖是通过撞头的形式确定的。在繁殖季节，它们也会用这种方式分出胜负，胜者就拥有交配权。但是它的厚头部在对抗敌人时不会起到多大作用，它有敏锐的嗅觉和视觉，可以提早发现敌人，并快速逃离。

你知道吗？

　　1974年，一具保存极好的肿头龙的头骨在蒙古被发现。它长着一颗球茎形的大脑袋，边上是一圈疙疙瘩瘩的隆起线，看上去像一只小型的肿头龙。肿头龙可能进食树叶和水果，而且像它的亲缘动物一样结群生活。它还具有另一个家族特征：尾巴的后部有一簇骨状的腱，可以使尾巴保持僵硬。

肿头龙

　　恐龙名称：肿头龙
　　拉丁文名：Pachycephalosaurus
　　生存时代：白垩纪晚期
　　食性：植食
　　恐龙种类：鸟臀目

肿头龙模型

　　肿头龙的头周围和鼻子尖上都布满了骨质小瘤，有的个体头部后方有大而锐利的刺，它的牙齿很小但很锐利。它的头颅被厚达23厘米的骨板所覆盖。

慢 龙

公园中的慢龙模型

慢龙因为腿部结构而不能快速奔跑，只能踱步走，因此被叫作慢龙。

慢龙

慢龙可从颌部中间的微弯、钉状牙齿，以及中等程度压缩的趾爪，来与其他的镰刀龙类作鉴别。

慢龙生活在晚白垩纪，其化石发现于蒙古东戈壁省和南戈壁省。慢龙是一种比较奇特的两足行走恐龙，虽然被归入蜥脚类，但它同时具有原蜥脚类、鸟臀类和兽脚类的特征。慢龙体长6～7米，与现代最大的鳄鱼很相似。

由于没有发现保存完整的化石，关于慢龙的生活方式，还存在着争议。一种观点认为，慢龙与现今的南美大食蚁兽一样，以蚁为食，它的前肢和长长的爪子可以很轻易地挖开蚁巢取食。

另一种观点认为，慢龙在水中捕食，因为曾在慢龙化石附近发现可能是慢龙留下的一串具蹼的四趾脚印。如果脚印真是慢龙留下的，那么说明慢龙会游泳。但是，从化石可以看出它的下颌显得很无力，这为捕食滑溜溜的水中动物增加了难度。

第三种观点认为慢龙吃植物，因为慢龙具有无齿的喙、两颊有颊囊，这表明它可以轻易地进食树叶，而且它的趾骨向后，说明它的腹部有很大的空间，它的肠子可以容纳更多的植物。

慢龙的大腿比小腿长，足部短宽，这表明它不会像其他兽脚类恐龙那样快速奔跑，最多是慢跑，它经常是懒洋洋地缓慢踱步，因此被命名为慢龙。

慢龙的腰带比较特殊，既不同于蜥臀目，又不同于鸟臀目，更像是二者的混合，一些科学家倾向于将它独立为一个目。慢龙类共有5个属，其中4个属均发现于蒙古共

慢龙

恐龙名称：慢龙
拉丁文名：Segnosaurus
生存时代：白垩纪早期
食性：植食
恐龙种类：蜥臀目

和国，另一个属是中国广东发现的南雄龙（Nanshiungosaurus）。

从慢龙化石被发现以来，古生物学家都认为慢龙是一种兽角类恐龙。但随着研究的不断深入，关于它的分类有了更多的争议，尤其是慢龙骨盆化石的出现，更让科学家对慢龙的分类产生了疑问。

慢龙骨盆上的髂骨即肠骨低平，位于前方的骨突发育良好并向外伸出，耻骨呈直线型，外缘很厚并斜向后方与坐骨挨在一起，这与鸟臀目恐龙的特征相同，而蜥臀目恐龙的耻骨都是斜向前方或向下的。

但是，由于目前还没有发现完整的骨骼化石，这给研究带来了很大的难度。迄今发现的化石都非常零碎，尤其是头骨化石更加稀少。考古学家只能根据现有的研究把慢龙归入蜥脚类。

慢龙的行走方式

慢龙是一种两足行走的恐龙，身体比一辆小轿车略长些。

生活于白垩纪的慢龙

慢龙的辨认要诀是上肢短小，生有三根手指，指尖上有利爪。

慢龙的形体特征

头部小而窄，下颌单薄，吻端是无齿的喙

你知道吗？

1979年，给慢龙命名的科学家猜测，慢龙在水中或涉或游，用爪或无齿的喙捕捉鱼吃。但这点尚无定论，慢龙仍有可能只是个草食性龙，它的喙仅用来咬撕树叶。

上肢短小，生有三根手指，指尖上有利爪

后肢较长，足部可能长有蹼，四趾具爪

巨兽龙

巨兽龙的体型

研究发现巨兽龙可能比暴龙体型更大。

争斗中的巨兽龙

在巨兽龙中，同类相残也是经常发生的事。

你知道吗？

巨兽龙是目前为止所发现的恐龙中最大的肉食性恐龙。第一具巨兽龙化石是在 1994 年由一个名叫 Ruben Gardine 的汽车修理工发现的。

1993 年在阿根廷发现的恐龙化石，动摇了暴龙在考古学上"地球史上最大的陆地肉食性动物"的地位。

1993 年，考古学家在阿根廷巴塔哥尼亚平原，意外地发现了一具惊人的恐龙化石，原来在远古的阿根廷曾经生活着一种巨型的恐龙，这是地球上有史以来最庞大的两足生物，体重达到惊人的 8 吨。1995 年被正式命名为巨兽龙，意思是"巨大的蜥蜴"。巨兽龙是用两足行走的，它是侏罗纪最著名肉食性恐龙异特龙（跃龙）的后裔，但是后来出现的巨兽龙体型却足足比异特龙大了差不多一半。

巨兽龙是地球史上最凶猛的掠食者，但是它们的猎物同样不好对付。在它们生活的区域活动着地球史上最庞大的草食性恐龙阿根廷龙。也许是为了对付庞大的猎物，巨兽龙才演化得如此庞大。

巨兽龙的头骨长达 1.8 米，颚部长满 20 厘米长的锋利牙齿。因为它们的体重达 8 吨，为了支撑沉重的身躯，它们发育出强大的骨骼及肌肉网络，同时保证了它们在追捕猎物时的速度。长长的尾巴则在快速奔跑的过程中起到了快速转向和平衡的作用。

巨兽龙是顶级捕食者

从外表看，巨兽龙就是一个凶残的猎食者。

古生物学界普遍认为暴龙是一种不聪明的恐龙，所以有人认为同是巨型肉食恐龙的巨兽龙应该也是智力低下的恐龙，没有复杂的社会结构等。

不过后来古生物学家通过深入研究巨兽龙发现，它们的行为可能比科学家原先认为的要复杂——它们可能是群居生活。甚至有专家推测这种强大的恐龙已经学会了合作猎食的技能，以提高捕食效率。专家利用工程学结合出土化石发现，这种恐龙最大可以达到每小时50千米的奔跑速度。

以目前古生物学家掌握的资料分析，在体形上巨兽龙可能比暴龙更大。在身长方面，巨兽龙比12米长的暴龙长了足足2米，两者的身高差不多，但是巨兽龙比暴龙重了一吨。所以有足够的证据证明巨兽龙的确比暴龙大。遗憾的是，两种凶猛的猎食者无法相遇，因为两者相隔了3000万年。

巨兽龙拥有锋利的牙齿

巨兽龙的头骨长达1.8米。颚部长满20厘米长的锋利牙齿。

巨兽龙

恐龙名称：巨兽龙
拉丁文名：Giganotosaurus
生存时代：白垩纪中期
食性：肉食
恐龙种类：蜥臀目

巨兽龙的外形特征

硕大的嘴巴长着一口锋利的牙齿，每颗牙有20厘米长
巨兽龙作为跃龙的后裔，有个又细又尖的尾巴

棘鼻青岛龙

棘鼻青岛龙骨骼化石

棘鼻青岛龙是鸟脚类恐龙中鸭嘴龙科、青岛龙属的一个种，植食性，体长约 7 米，生活在中生代的白垩纪晚期。棘鼻青岛龙的化石标本非常完整，发现于中国的山东省莱阳。

棘鼻青岛龙是在中国发现的最著名的有顶饰的鸭嘴龙化石，也是在中国首次发现的完整的恐龙化石。它是在青岛附近的莱阳市金刚口村西沟发现的，而且头上还有棘鼻状的顶饰，所以被命名为棘鼻青岛龙。它的身长为 6.62 米，身高 4.9 米，坐骨末端呈足状扩大，肠骨上部隆起，在荐椎腹侧中间有明显的直棱，后面成沟状，在鼻骨上长着一条带棱的棒状棘，与独角兽的角很相似，从两眼之间笔直地向前伸出，估计它活着时体重为 6 吨左右，它的大脑很小，仅有 200 ~ 300 克重。

棘鼻青岛龙的骨架相当完整，总长约为 6.62 米。它最显著的特征在于头颅上有一个长而中空的管棘垂直矗立。这个长棘的功能还无法确定，它可能是用来攻击敌人的。然而有专家曾经指出这个管棘可能是一个移位了的（或者复原过程错误摆置的）鼻骨，被错放在头骨的前方位置。如果真是那样的话，那么青岛龙就有可能是一只扁平头颅的鸭嘴龙类了。

棘鼻青岛龙是鸟脚类恐龙中鸭嘴龙科（Hadrosauridae）、青岛龙属（Tsintaosaurus）的一个种，以植物为食，体长约 7 米，生活在中生代的白垩纪晚期。它的化石标本保存非常完整，发现于中国的山东省莱阳。

展览馆中的棘鼻青岛龙化石

化石全长 8 米，站立时高约 4 米。鸭嘴龙的一种，外貌与 "标准" 鸭嘴龙似无多大区别，只是头顶上多了一只细长的角，样子就像独角兽一样。

棘鼻青岛龙

恐龙名称：棘鼻青岛龙
拉丁文名：Tsintaosaurus spinorhinus
生存时代：白垩纪晚期
食性：植食
恐龙种类：鸟臀目

你知道吗

棘鼻青岛龙是一种生存在白垩纪晚期，带有顶饰的鸭嘴龙，是在青岛附近的莱阳市金刚口村西沟发现的，头上又有棘鼻，所以定名为棘鼻青岛龙。棘鼻青岛龙则是中国发现的最著名的有顶饰的鸭嘴龙化石，也是中国首次发现的完整的恐龙化石。

短冠龙

短冠龙的外形特征

短冠龙有比较长的前肢，以及下颌的喙嘴较其他鸭嘴龙类宽。

短冠龙属于鸭嘴龙科的一属。在从美国蒙大拿州及加拿大艾伯塔省的骨床中发现了几具短冠龙化石骨骼。

短冠龙最特殊的特征是它的骨冠，这个骨冠在头颅骨上形成一个平板。它可能是用来推撞的，但是没有足够的硬度。而它的另一特征是长长的前肢。

1953 年查尔斯·斯腾伯格（Charles M.Sternberg）首先描述了短冠龙，在加拿大艾伯塔省地层发现了一个头颅骨及部分骨骼，当时被认为属于小贵族龙（也叫格里芬龙）。

1988 年杰克·霍纳（Jack Horner）在美国蒙大拿州的朱迪斯河组发现了第二个物种，称为优短冠龙（B.goodwini），但后来有专家指出它无法作为第二个物种，因为与第一个物种相比两者没有太大的差异。

1994 年，业余古生物学家奈特·墨菲（Nat Murphy）发现了一个保存完整的短角龙头颅骨，他称之为 "Elvis"。2000 年，他又发现了一副完全连接的还未成年的短冠龙骨骼，最神奇的是化石部分被木乃伊化，称为 "Leonardo"。这可以说是目前为止发现的最壮观的恐龙骨骼之一，并且被列入金氏世界纪录大全。不久之后他发掘出一副接近完整的被称为 "Roberta" 的骨骼，及部分保存且有着皮肤轮廓称为 "Peanut" 的幼龙骨骼。

你知道吗？

短冠龙生存在今日美国蒙大拿州附近，是鸭嘴龙类的一种，体长大约7米。它可能吃坚硬的植物，在白垩纪晚期分布广泛。

短冠龙化石的处理

恐龙化石的处理要特别仔细认真，而且必须有专业的技师来处理。

短冠龙

恐龙名称：短冠龙
拉丁文名：Brachylophosaurus
生存时代：白垩纪
食性：植食
恐龙种类：鸟臀目

伶盗龙

伶盗龙的血盆大口

伶盗龙往往选择大部分动物都处在繁殖期的雨季捕猎小动物。伶盗龙通常在小猎物频频出没的沙丘、林地边缘或固定水源进行埋伏。

伶盗龙

恐龙名称：伶盗龙
拉丁文名：Velociraptor
生存时代：白垩纪
食性：肉食
恐龙种类：蜥臀目

伶盗龙模型

蒙古伶盗龙长1.8米，长着尖牙利扑可以高速奔跑，是白恶纪有名的"杀手"。

伶盗龙，在拉丁文中意为"敏捷的盗贼"，是蜥臀目兽脚亚目驰龙科恐龙，大约生活于8300万年前到7000万年前的白垩纪晚期。

伶盗龙的模式种是蒙古伶盗龙（Vmongoliensis），也是目前唯一确定的已知种。伶盗龙是在1924年由著名古生物学家奥斯本在蒙古发现的，它是第一种亚洲驰龙类。其他的驰龙类都发现于北美洲。

伶盗龙属于小型恐龙，它的体型接近现代的火鸡，比其他的驰龙科恐龙要小，例如恐爪龙与阿基里斯龙。

伶盗龙是一种二足肉食性的恐龙，而且身体上长有羽毛。它有长而坚挺的尾巴，低矮的头颅骨，以及朝上微翘的口鼻部。

伶盗龙的体型虽然不大，但是它却十分残忍。它一只脚着地，另一只脚举起第二趾，它用前肢上的利爪钩住猎物，然后一跃而起，用如镰刀一样的足扎进猎物的腹部，然后用力撕咬猎物的致命部位比如脖子，最后开膛破肚，置猎物于死地。目前为止，发现了至少12具伶盗龙的骨骼化石。而且绝大多数标本发现于蒙古的南戈壁

省与中国的内蒙古。

在蒙古的南戈壁省，几乎每个著名且多产的挖掘地点都发现了蒙古伶盗龙的化石。蒙古伶盗龙的模式标本是在蒙古火焰崖的挖掘地点所发现，而"搏斗中的恐龙"化石则是在蒙古图格里克挖掘地点发现。

近年来，在中国内蒙古也发现了许多蒙古伶盗龙化石，内蒙古也是一个产量丰富的挖掘地点之一。这些挖掘地点大都位于干旱的环境中，周围布满沙丘，偶尔会出现间歇性的溪流。除了伶盗龙的食物原角龙外，伶盗龙还与以下恐龙共同生存：基础角龙下目的安德萨角龙、阿瓦拉慈龙科兽脚类恐龙、甲龙科的绘龙以及数种偷蛋龙科、伤齿龙科。

伶盗龙头颅骨化石
伶盗龙有低矮的头颅骨，以及朝上微翘的口鼻部。

你知道吗?

伶盗龙可能在某种程度上是温血动物，因为它们猎食时必须消耗大量的能量。伶盗龙的身体覆盖着羽毛，而在现代的动物中，具有羽毛或毛皮的动物通常是温血动物，它们身上的羽毛或毛皮可以用来隔离热量。

伶盗龙骨骼化石
美国自然历史博物馆的一支探险队于1922年在蒙古的戈壁沙漠中发现了第一个伶盗龙的化石标本；该标本（编号 AMNH 6515）包含一个遭到压碎，但是完整的头颅骨，以及第二趾爪。

伶盗龙的外表特征
长约9厘米的第二趾是它捕杀猎物的主要武器
有一条长而坚挺的尾巴

锦州龙

锦州龙头骨化石

锦州龙的前上颌骨喙部、牙齿的形态和排列方式与原始禽龙很相似。

锦州龙是禽龙类恐龙的一属，生活于白垩纪早期。它的化石发现于中国，而且发现了一个接近完整的骨骼。模式种是目前唯一的一种杨氏锦州龙。2001年中国的汪筱林与徐星首次叙述了锦州龙。它生存于约1亿2500万年前。

在中国辽西义县组发现了大型禽龙类恐龙，古生物学家根据头骨形态和牙齿特征建立了一新属新种——杨氏锦州龙。杨氏锦州龙的某些特征比较原始，它的大部分特征类似于白垩纪早期的一些进步禽龙类，比如前上颌骨喙部、牙齿的形态和排列方式等。锦州龙的其他一些特征类似鸭嘴龙类，比如眶前孔不发育等。锦州龙的这种特征组合对于专家研究鸭嘴龙类的起源和禽龙类的演化具有重要的意义。

锦州龙是生存于白垩纪早期的巨型食植类恐龙，主要分布在欧洲，除南极洲外，在其他各大洲都有发现。最大的锦州龙全长约10米，用后脚站立时，高约4米。它比较明显的特征在于其头骨及尖锐、骨质的拇指。化石的发现表明，幼年的锦州龙前肢比成年的要短小些，大都用后肢行走，而成年锦州龙多用四肢行走。

进食中的锦州龙

锦州龙属于比较小型的草食性恐龙。

你知道吗

　　剧烈的地壳运动和海陆变迁，导致了白垩纪生物界的巨大变化，中生代许多盛行和占优势的门类（如裸子植物、爬行动物、菊石和箭石等）后期相继衰落和灭绝，新兴的被子植物、鸟类、哺乳动物及腹足类、双壳类等都有所发展，预示着新的生物演化阶段——新生代的来临。

锦州龙

恐龙名称：锦州龙
拉丁文名：Brachylophosaurus
生存时代：白垩纪早期
食性：植食
恐龙种类：鸟臀目

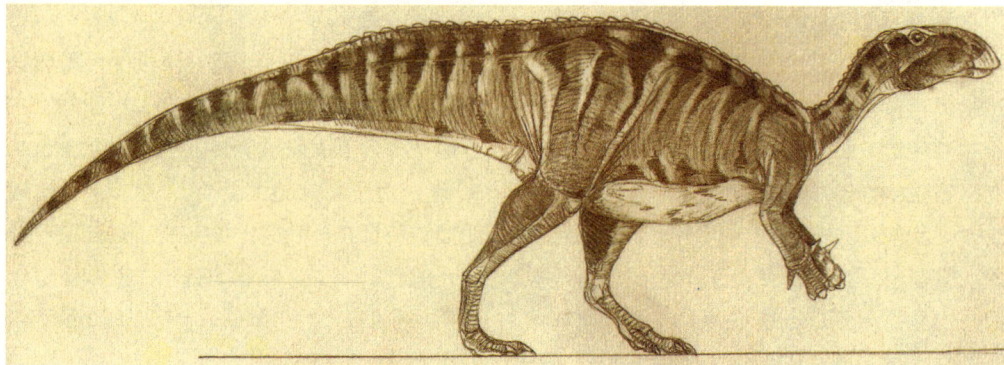

沉　龙

生活在一起的沉龙

有研究表明，沉龙是群体生活在一起的。

沉龙意思为"沉重的蜥蜴"，属于鸟脚下目恐龙，生存于白垩纪早期，约1亿2100万年前到1亿1200万年前。模式种属于沙地沉龙（Larenatus），是由菲利普·塔丘特与戴尔·罗素在1999年正式命名的。与许多禽龙类相似，沉龙的拇趾上也长有针状指爪。

沉龙生存于早白垩纪，与它同时代的其他恐龙包括：具有背棘的豪勇龙，它是一种未命名的异特龙科动物；大型兽脚亚目的似鳄龙，某些科学家认为与生存于较早年代英格兰的重爪龙属于同种生物。

沉龙的体型很大，身长9米，体重为6吨。身体的姿势很低，腹部离地约0.71米，颈部长约1.6米。与其他鸟脚类恐龙不同的是，它的尾巴相当短。与其他大型基底禽龙类类似，沉龙的前肢短而壮，拇指上长有大型指爪，可以用来防御敌人。

从沉龙的体型可以看出，沉龙极有可能是一种动作迟缓的恐龙，所以当遇到敌人时，只能与敌人对抗，无法快速逃脱。但沉龙的身体很低，重心就低，可使它们快速旋转来面对掠食者。它的拇指指爪是利器，可以用来攻击掠食者的颈部或侧面。

沉龙

恐龙名称：沉龙
拉丁文名：Lurdusaurus
生存时代：白垩纪早期
食性：植食
恐龙种类：鸟臀目

你知道吗？

爬行类从晚侏罗世至早白垩世达到极盛，继续占领着海、陆、空。鸟类继续进化，其特征不断接近现代鸟类。哺乳类略有发展，出现了有袋类和原始有胎盘的真兽类。鱼类已完全以真骨鱼类为主。

受到攻击的沉龙

沉龙面临着各种肉食动物的威胁。

祖尼角龙

丛林中的祖尼角龙

祖尼角龙介于早期角龙类如原角龙以及较晚的大型角龙科恐龙之间的过渡期。

祖尼角龙

恐龙名称：祖尼角龙
拉丁文名：Zuniceratops
生存时代：白垩纪
食性：植食
恐龙种类：鸟臀目

祖尼角龙意为"来自祖尼部落的有角面孔"，是角龙下目恐龙，生存于白垩纪晚期的美国新墨西哥州，大约生存在1亿年前，比外表相近的角龙科早，很有可能是角龙科的祖先。

古生物学家在美国的阿里桑纳州与新墨西哥州边界的祖尼盆地，发现了新的恐龙品种，这说明北美还有新的恐龙品种未被发现。1996年，古生物学家在祖尼盆地发现一块恐龙的头角化石，这种恐龙是三角龙的近亲，被命名为Zuniceratops christopheri，是在北美发现的最早期的有角恐龙，也是目前世界上最古老的额上生角的恐龙。发现恐龙化石的地点是在新墨西哥州边界的祖尼盆地，距离亚利桑那州的州界不到1000米。在白垩纪，地球温度在不断升高，两极冰雪融化，使海平面升高，比现在的海平面要高300米，地球陆地干燥地点减少。这段时期被称为"白垩纪空隙"，因为很少发现这段时期内的任何生物化石。而祖尼角龙生活在在9100万年前在北美，所以说它是"白垩纪空隙"的生物。古生物学家很少发现这个时代遗留下的恐龙化石。马里兰大学古生物学家贺尔兹说"这个发现有助于我们了解一个我们所知甚少的时代。"

祖尼角龙和现代犀牛

祖尼角龙比现代的犀牛体型要小。

祖尼角龙身长 3 ～ 3.5 米，高约 1 米，体重达 100 ～ 150 千克。祖尼角龙是目前已知最早有额角的角龙类，也是已知最古老的北美洲角龙类。专家推测这些角状物会随着年龄而增大。

祖尼角龙的第一个标本只有单排牙齿，这在角龙类里是很少见的，随着后来的化石被发现，人们发现祖尼角龙化石有两排牙齿。从这可以看出这些牙齿是随着祖尼角龙的年龄增大而变成双排的。祖尼角龙和其他角龙类一样，是草食性恐龙，而且很有可能是群居动物。

你知道吗？

在白垩纪脊椎动物中爬行类从极盛走向衰落，主要代表有暴龙（霸王龙）、古魔翼龙、青岛龙等。侏罗纪以前的硬鳞鱼被真骨鱼所代替。海洋无脊椎动物中浮游有孔虫异军突起，成为划分对比白垩纪中、晚期海相地层的重要依据，底栖大型有孔虫中也出现了许多标准化石。

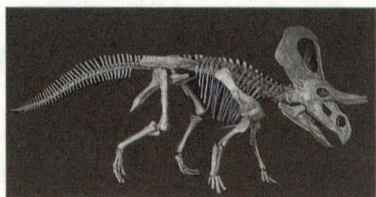

祖尼角龙骨骼化石

祖尼角龙化石的发现为科学家研究"白垩纪空隙"的恐龙提供了依据。

祖尼角龙属于角龙类

新角龙类演化支包括所有较鹦鹉嘴龙科更衍化的祖尼角龙恐龙。冠饰角龙类现在包括所有较曙光角龙更衍化的祖尼角龙恐龙。

祖尼角龙的外形特征

祖尼角龙的尖角可以用来防御捕食者
祖尼角龙头后的头盾是多孔的，但缺乏颈盾缘骨突

查干诺尔龙

查干诺尔龙骨骼化石

古生物学家在二连浩特发现了较完整的查干诺尔龙化石。

查干诺尔龙属于大型蜥脚类恐龙，由董枝明与李荣正式命名，它的标本存放于内蒙古呼和浩特市的蒙古博物院。化石采集于查干诺尔组地层，在蒙古语中的意思为"白色湖泊"。地层位于二连浩特东南65千米，是一种河流沉积的砂岩、砾岩和泥岩。

1985年，在内蒙古自治区锡林郭勒盟的查干诺尔建设一个大型化工厂。在建设工地，人们意外地发现了一副恐龙骨架。内蒙古博物馆当即派人进行发掘。这条恐龙全身骨骼的70%均保存良好。它是一条生活在白垩纪早期的蜥脚类恐龙，被命名为查干诺尔龙，装架后身长26米，高7.7米，肩背部高6米，抬起头来有12米高。它的头比其他蜥脚类恐龙要大很多。骨盆上的耻骨、坐骨和肠骨紧密结合。大腿骨长达 1.8 米，上面有许多凹穴，可以附着强而有力的肌肉。它的肩胛骨长 1.5 米，显得细长，这与其他的蜥脚类恐龙不同。这些构造说明，查干诺尔龙的行动并不像其他大型蜥脚类恐龙那样迟缓和笨重。它们可能是群体生活，用集体的力量抵抗肉食性恐龙的袭击。

查干诺尔龙头颈部化石特写

从化石中，我们可以看出查干诺尔龙有一个比较长的脖子。

你知道吗 ？

在白垩纪河流生物群落中，只有少数动物灭亡；因为河流生物群落多以自陆地冲刷下来的生物有机碎屑为生，较少直接以活的植物为生。海洋也有类似的状况，但较为复杂。生存在浮游带的动物，所受到的影响远比生存在海床的动物还大。

查干诺尔龙

恐龙名称：查干诺尔龙
拉丁文名：Nuoerosaurus changanensis
生存时代：白垩纪早期
食性：植食
恐龙种类：蜥臀目

约巴龙

约巴龙的外表特征

约巴龙和同时期的其他蜥脚类恐龙并不相似，它显得更加原始，有着较小而复杂的椎骨和较短的尾巴。

约巴龙生活在约 1 亿 6400 万到 1 亿 6100 万年前。成年的约巴龙体重可达 20 多吨，站立起来有 20 多米高。它的化石是由芝加哥大学的古生物学家保罗带领他的小组在尼日尔共和国境内的撒哈拉沙漠中发现的。从恐龙化石骨骼可以看出它是一种非常优秀的恐龙种类。他说："95% 的恐龙骨骼得以保存下来，这种新类型的恐龙比任何白垩纪时期发掘的长脖子的恐龙都完整。"

撒哈拉沙漠在当时是不存在的，它被茂密的森林和宽阔的河道所取代。约巴龙很有可能就生活在这里。在这里发现了从未成年恐龙到成年恐龙的一系列的化石。这说明不同年龄段的恐龙生活在一起。它们很有可能是被凶猛的洪水所吞没的。这个团队认为约巴龙这种恐龙是比较特殊的古代恐龙。在白垩纪时期它们只生活在非洲。与其他白垩纪时期的恐龙不同，约巴龙的牙齿像勺子一样。它的牙齿可以很轻易地夹住枝条，约巴龙的脖子由 12 个脊椎骨组成。与早期的梁龙等复杂的脊椎骨和尾骨相比，约巴龙的脊椎骨结构就显得非常简单。

你知道吗

在白垩纪灭绝事件存活下来的生物中，最大型的陆地动物是鳄鱼与离龙目，是半水生动物，并以生物碎屑为生。现代鳄鱼可以食腐为生，并可长达数月不进食；幼年鳄鱼体型小，成长速度慢，在头几年多以无脊椎动物、死亡的生物为食。这些特性可能是鳄鱼能够存活过白垩纪末灭绝的关键。

约巴龙

恐龙名称：约巴龙
拉丁文名：Jobaria
生存时代：白垩纪早期
食性：植食
恐龙种类：蜥臀目

约巴龙骨骼化石

从化石可以看出，约巴龙是大型草食性恐龙。

阿马加龙

阿马加龙模型

从化石中可以看出在阿马加龙颈部和背部脊骨上一列高棘。

阿马加龙头部化石特写

阿马加龙是一种蜥脚类恐龙。它草食性，只分布在非洲、印度和南美洲。

阿马加龙

恐龙名称：阿马加龙
拉丁文名：Amargasaurus cazaui
生存时代：白垩纪早期
食性：植食
恐龙种类：蜥臀目

阿马加龙是一种比较奇特的蜥脚类恐龙，在他的背上长有两排鬃毛状的长棘，关于它的用途还有很多争议。

在中生代的南半球曾有一块超大陆叫做"冈瓦纳"。在冈瓦纳生活着一类恐龙，叫阿马加龙。阿马加龙属于叉龙科下的一个属，生活在白垩纪的南美洲。它是一类小型的蜥脚下目恐龙，约有10米长。它是四足行走的草食性恐龙，它的头颅骨长而扁，它的颈部很长，与亲属叉龙相类似。但是，比较特别的是在它的颈背上生有一对平行的棘，比其他蜥脚下目恐龙高，很有可能是用来支撑皮质帆状物的。

阿马加龙最大的特征是叫"神经棘"的两列棘刺，从头部到背部的背骨中长出。由于它的棘刺细长而且易损，所以应该不是用来防御。有一种观点认为，在它的各神经棘之间有皮膜的"帆"。"帆"中有血管通过。它有可能是用来取暖，也可能是用来散热。

但是，在蜥脚类恐龙中，有比阿马加龙大很多的恐龙。动物的躯体越大，体内的热量就越难散发。所以越是体型巨大的动物，体内积聚的热量就越充沛。但在体型巨大的蜥脚类身上，却没有进化出"帆"。所以，专家认为蜥脚类中小型的阿马加龙并不需要用"帆"来调节体温。"帆"很有可能是区别同伴与其他种的标

四足行走的阿马加龙

阿马加龙是四足行走的植食恐龙，体型巨大，全长可达30米。

记，也有可能是区分雌雄的标记。

所发现的阿马加龙化石是一个相对较完整的骨骼。这套骨骼包括了头颅骨的后部，及所有颈部、臀部、背部与部分尾巴的脊骨。肩带的右边、左前肢及后肢、左肠骨以及盆骨的一根骨头也被发掘出来。阿马加龙骨骼最显著的特征就是在颈部和背部脊骨上一列高棘。这些

棘是一对对排列的。在后背部及荐骨只有单一的棘，虽然很长但比颈部的短。专家推测这些棘很有可能是用作支撑皮蓬的。在一些恐龙，如棘龙、无畏龙、及盘龙目的异齿龙也出现了同样的蓬。关于蓬的功用有很多观点，比如自卫、沟通（为了交配或简单的物种辨认）或调节体温。但是，它真正的功用仍然是个谜。

阿马加龙骨骼化石

阿马加龙的化石是在阿根廷内乌肯省的 La Amarga 峡谷被发现的。

你知道吗？

阿根廷古生物学家发现了一只生活在 7100 万年前的无法龙留下来的化石。令人惊奇的是，这具化石几近完整，连脚上的关节都保存得十分完好。唯一有点遗憾的是，这具化石的头部和颈部还没有找到。

阿马加龙外形特征

背上有比较明显的两排鬃毛状的长棘
脖子长度却约为躯干的 1.3 倍

亚马逊龙

四足行走的亚马逊龙

与其他梁龙总科的恐龙一样，亚马逊龙是采用四足行走的。

亚马逊龙属于梁龙总科下的一属，生活于白垩纪的南美洲。它是一种大型的四足草食性恐龙，长着长颈和鞭子般的尾巴。尽管在巴西已经发现了许多恐龙化石，但在亚马逊盆地发现恐龙化石这还是第一次。它的属名来自于巴西亚马逊地区。亚马逊龙只有一个种，学名是马拉尼昂亚马逊龙（A.maranhensis），来自于巴西的马拉尼昂州。属名及种名都是由巴西古生物学家和阿根廷的利安纳度·萨尔加多在 2003 年叙述和命名的。亚马逊龙的化石，包含一些背椎、尾椎、肋骨及骨盆的碎片，是唯一在马腊尼昂的伊塔佩库鲁地层所发现的恐龙化石。这个地层可以追溯至距今约 1 亿 2500 万年的白垩纪。

因为尾椎上的高神经棘，所以亚马逊龙被分类在梁龙总科之下，但它的化石过于破碎，无法辨认它们在梁龙总科的分类位置。但是它的一些脊椎特征，证明它可能属于后期的基础梁龙总科。至少有一个分支系统学表明亚马逊龙在梁龙总科内则与叉龙科和梁龙科原始。基础梁龙科恐龙在南美洲和北非都有发现，就和泰坦巨龙类、鲨齿龙科及棘龙科一样是生活在白垩纪。在白垩纪前期，当泰坦巨龙科激增时，梁龙科已经灭绝。而在白垩纪中后期的肉食性兽脚亚目恐龙在南部各大陆被阿贝力龙科取代。

亚马逊龙

恐龙名称：亚马逊龙
拉丁文名：Amazonsaurus
生存时代：白垩纪
食性：植食
恐龙种类：蜥臀目

你知道吗？

在白垩纪大陆之间被海洋分开，地球变得温暖、干旱。开花植物出现了，与此同时，许多新的恐龙种类也开始出现，包括像肉食性牛龙这样的大型肉食性恐龙，像戟龙这样的甲龙类成员以及像赖氏龙这样的植食性鸭嘴龙类。

亚马逊龙模型

亚马逊龙拥有梁龙总科共有的特征，拥有庞大的身躯。

畸形龙

畸形龙

恐龙名称：畸形龙
拉丁文名：Pelorosaurus
生存时代：白垩纪早期
食性：植食
恐龙种类：蜥臀目

　　畸形龙意为"怪异的蜥蜴"，是种巨型草食性恐龙。它是最早发现的蜥脚下目恐龙之一，生存于早白垩纪，约 1 亿 3800 万年前到 1 亿 1200 万年前。化石发现于葡萄牙与英格兰。化石包含肱骨、脊椎、荐骨、骨盆、四肢碎片以及一些皮肤痕迹。

　　畸形龙长约 24 米，身体覆盖着六角形鳞片。它是最早被鉴定为恐龙的蜥脚类，但并不是最早发现的蜥脚类恐龙。1841 年，理查·欧文（Richard Owen）发现鲸龙，但错误地把它们归类于大型海洋生物，就像现代的鳄鱼。直到吉迪恩·曼特尔（Gideon Mantell）将畸形龙鉴定为恐龙后，才发现鲸龙也属于恐龙。

　　由于一些错误，畸形龙与鲸龙有着复杂的分类历史。 Phillips 在 1871 年建立的牛津鲸龙（C.oxoniensis）被视为鲸龙属中最多化石的种。牛津鲸龙的化石出土于英国的地层，时间为侏罗纪中到晚期。1970 年，古生物学家认定牛津鲸龙是种更原始的蜥脚类恐龙，与短体鲸龙不同，足以成立新的属。这就造成畸形龙与鲸龙将成为同种生物，畸形龙将成为无效名称，鲸龙就必须改属名。为了避免这种状况出现，2003 年古生物学家保罗·厄普丘奇(Paul Upchurch)与约翰·马丁（John Martin）对国际动物命名委员会提出要求，将鲸龙的模式种从短体鲸龙更改为牛津鲸龙，保留康氏畸形龙，停止使用短体鲸龙。这样二者就有了比较清楚的分类。

畸形龙骨骼化石

古生物学家发现的畸形龙化石，可以看出畸形龙与大型草食性恐龙有相似的形体结构。

畸形龙的分类

畸形龙属于腕龙科。过去有许多的种被归类于畸形龙属，但大部分的状态为可疑。畸形龙成为欧洲蜥脚类的"未分类物种集中地"。最近几年已有许多研究纠正这些混淆。

你知道吗？

白垩纪恐龙仍然统治着陆地。像飞机一样的翼龙类，例如披羽蛇翼龙在天空中滑翔；巨大的海生爬行动物，例如海王龙统治着浅海。但最早的蛇类、蛾、和蜜蜂以及许多新的小型哺乳动物也在这一时期出现了。

星牙龙

体型庞大的星牙龙

相对于体型庞大的星牙龙，人类显得如此渺小。

星牙龙属于大型草食性恐龙，是腕龙的近亲，生活于白垩纪的美国东部。根据地层所含孢粉形态的年代测定，它生活于距今约1亿1200万年前。

目前只发现了星牙龙的两个牙齿化石，是在美国马里兰州的别登堡附近发现的，属于阿伦德尔组（Arundel Formation）。在1859年由克里斯多福·强森（Christopher Johnson）所叙述和命名。但是强森的命名没有加上种小名，所以1865年，约瑟夫·莱迪（Joseph Leidy）命名星牙龙的模式种为强森氏星牙龙（Astrodon johnstoni），种名是以强森为名的。

1888年，奥塞内尔·查利斯·马什（Othniel Charles Marsh）将一些发现于阿伦德尔组的一些骨头，命名为侏儒侧空龙（Pleurocoelus nanus）和高侧空龙（P. altus）。但是到了1921年，查尔斯·怀特尼·吉尔摩尔（Charles W.Gilmore）认为它们都是属于星牙龙的，专家肯尼思·卡彭特（Kenneth Carpenter）及 Tidwell 也认同这个观点。有趣的是，发现的星牙龙的大部分骨头都是未成年个体。肯尼思·卡彭特及 Tidwell 认为马什所命名的侏儒侧空龙与高侧空龙，应该是星牙龙不同成长阶段的形态。1998 年，星牙龙被定为马里兰州的州恐龙。

你知道吗？

白垩纪时，南美洲与非洲大陆之间的裂谷迅速张开形成南大西洋，到末期已加宽到约 3000 千米。北大西洋裂谷位于格陵兰和北美东侧，随着北美洲向西漂移，裂谷在扩大。特提斯海把欧亚大陆与非洲分开，中南欧和中近东的许多国家当时都处于海侵中。

星牙龙

> 恐龙名称：星牙龙
> 拉丁文名：Astrodon
> 生存时代：白垩纪
> 食性：植食
> 恐龙种类：蜥臀目

星牙龙的外形特征

成年的星牙龙估计身长 15.2 ~ 18.3 米，头部可高举至 9.1 米高。

波塞东龙

觅食中的波塞东龙

波塞东龙可能是北美洲最后的巨大蜥脚类恐龙。蜥脚类恐龙包含陆地上出现过的最大的动物，是群分布广泛且成功的演化支。

波塞东龙又名海神龙，是蜥脚下目恐龙，生存于白垩纪早期。它是北美洲最晚出现的大型蜥脚类恐龙。它是目前已知最高的恐龙，推算有 17 米高，身长接近 30 米。

波塞东龙是草食性恐龙，与著名的腕龙有比较接近的亲缘关系。生活在白垩纪北美洲的蜥脚类恐龙数量已经开始衰退、体型开始缩小，而波塞东龙可以说是北美洲最后的大型腕龙类恐龙。

目前仅发现一个标本，由 4 个颈椎构成，在 1994 年在美国奥克拉荷马州发现，年代属于白垩纪早期，该地属于史前墨西哥湾的三角洲。由于之前很少发现白垩纪的北美洲巨型蜥脚类化石，所以曾一度被当作硅化木。

波塞东龙的体型，是根据已发现的四

个颈椎与德国柏林亨波特博物馆的长颈巨龙标本（编号 HM SII）比较而来的数据。编号 HMSII 标本是目前发现的最完整的腕龙类化石，但该标本却不被部分科学家认可，他们认为它是由不同个体化石拼凑而成，所以数据可能不准确。因为化石发现的较少，波塞东龙与其他腕龙科近亲的比较是很困难的。

波塞东龙生活在墨西哥湾的海岸，当时的墨西哥湾海岸在侵入到奥克拉荷马州一带，形成一个巨大的三角洲，与现代的密西西比河三角洲很相似。成年的波塞东龙很少面临危险，因为这个地区在当时没有掠食恐龙可以对它构成威胁。但肉食龙下目的高棘龙与集体行动的恐爪龙可能会捕食幼年的波塞东龙。

你知道吗？

在 2004 年，德恩·奈许（Darren Naish）与他的同事叙述了一只巨大腕龙科恐龙，该恐龙发现于早白垩纪的英格兰，并类似于波塞东龙。该腕龙科恐龙仅发现两个颈椎，在某些细节明显的类似波塞东龙，而它们可能在体型上相似。

波塞东龙

恐龙名称：波塞东龙
拉丁文名：Sauroposeidon
生存时代：白垩纪
食性：植食
恐龙种类：蜥臀目

波塞东龙的高度

波塞东龙可能可以将头部高举过地面达17米，大约是6层楼高。腕龙科恐龙的长颈部与高肩膀，使得它们是已知最高的一群恐龙。

潮汐龙

潮汐龙与人类幼儿对照

潮汐龙的身长可能约 26 米，是人类幼儿的好几十倍。

潮汐龙是蜥脚下目恐龙，属于大型草食性恐龙。化石发现于埃及，该地层属于白垩纪的海岸沉积层。这些化石是 1935 年以来，拜哈里耶组首度发现的四足总纲动物。它的肱骨长达 1.69 米，比已知的白垩纪蜥脚类恐龙长很多。化石被保存于由潮汐带来的沉积层中，在这些沉积层发现了红树林植被的化石。这说明潮汐龙生活在红树林，红树林位于古地中海的南岸。潮汐龙是第一种被证实生活在红树林生态环境的恐龙。

美国宾夕法尼亚大学史密斯博士等人把它定名为 "Paralititan stromeri"，parali

的意思是潮汐，说明化石产地的特点，翻译为潮汐龙。

由于潮汐龙化石发现得比较少，所以专家对潮汐龙的了解就比较少，所以很难估算潮汐龙的体型大小。然而有限的化石显示，潮汐龙是目前所发现最大的恐龙之一，体重被估计有 59 吨。肯尼思·卡彭特（Kenneth Carpenter）以萨尔塔龙体型作为参考，推算潮汐龙的体长可能为 26 米。和其他的泰坦巨龙类类似，潮汐龙应该有宽广的体型，身上可能拥有防御用的皮内成骨。潮汐龙会受到其他大型掠食动物的威胁，例如鲨齿龙。

潮汐龙

恐龙名称：潮汐龙
拉丁文名：Paralititan
生存时代：白垩纪早期
食性：植食
恐龙种类：蜥臀目

在埃及开罗西南西南 290 千米撒哈拉沙漠的巴哈利亚绿洲附近出土的恐龙化石，这遗骸是一条尚未成年的恐龙留下的，但它的一块肱骨就有一米七长，特别是脖子和尾巴更长，和中间的身子加起来，总长达到 27~30 米。高度尚不确定，但已能算出它的体重约有 75~80 吨，可能是已发现的恐龙个体中第二重的。

手工雕塑潮汐龙

潮汐龙的体重接近 60 吨，是个庞然大物。

安第斯龙

安第斯龙

恐龙名称：安第斯龙
拉丁文名：Andesaurus
生存时代：白垩纪中期
食性：植食
恐龙种类：蜥臀目

安第斯龙是原始泰坦巨龙类恐龙的一个属，生活于白垩纪中期的南美洲。它的头部较小，颈部较长。安第斯龙是一种大型的蜥脚下目恐龙，是目前已知地球上最大型的生物之一。

1991年，古生物学家Jorge Calvo及约瑟·波拿巴（Jose Bonaparte）命名了安第斯龙，因为化石是在接近安第斯山脉的地方发现的。它的模式种（A.delgadoi）则是以发现安第斯龙化石的Alejandro Delgado来命名的。

目前已知的安第斯龙的唯一化石是一部分骨骼，它有一列背部后段的4节脊椎及已分为两段的27节尾椎。也发现了骨盆，包括坐骨及耻骨，与肋骨碎片和不完整的肱骨及股骨。

化石发现于阿根廷内乌肯省内的内乌肯组最老的地层。这个地层存在于1亿到9700万年前。而且这个地层的大部分都是网状河沉积层，除发现安第斯龙外，还发现了其他恐龙，如利迈河龙、鲨龙和南方巨兽龙。

安第斯龙的几个特征，使得它被认为是泰坦巨龙类的最原始物种。事实上，泰坦巨龙类包括了安第斯龙、萨尔塔龙和它们的最近共同祖先以及最近共同祖先的所有后代。最明显的特征是尾椎的关节。在大部分进化的泰坦巨龙类恐龙中，尾椎关节都是球窝关节，而关节窝在前方。但安第斯龙的尾椎两面却是平的，与其他的非泰坦巨龙类恐龙相同。安第斯龙本身只有一个特征，就是位于脊椎上的神经棘，而这个特征还需专家进一步研究。

你知道吗？

一些发现于阿根廷的其他原始泰坦巨龙类恐龙，包括阿根廷龙及普尔塔龙，都是蜥脚下目的巨型恐龙。而进阶的泰坦巨龙类萨尔塔龙科，就包含了一些其他小型的蜥脚下目恐龙及萨尔塔龙本身。所以在泰坦巨龙类的原始物种最有可能是大型的恐龙。

安第斯龙成与人对照

安第斯龙在人类面前显得如此庞大。

安第斯龙正在觅食

关于安第斯龙还有很多未解开的谜。

野牛龙

野牛龙复原图
关于野牛龙还有很多争议。

野牛龙

恐龙名称：野牛龙
拉丁文名：Einiosaurus
生存时代：白垩纪
食性：植食
恐龙种类：鸟臀目

一起觅食的野牛龙
野牛龙是群体生活的恐龙。

野牛龙的化石发现于美国蒙大拿州，而且是目前唯一发现野牛龙化石的地方。所有目前已知的化石现都存放在蒙大拿州落基山博物馆。目前发现的野牛龙化石比较完整，包含三个头颅骨，以及发现于两个低密度尸骨层的上百件骨头。这些化石在1985年由杰克·霍纳（Jack Horner）发现，并由落矶山博物馆的挖掘队伍在之后4年间陆续挖出的。

野牛龙属于草食性恐龙，身长推测可达6米。野牛龙经常被描绘成有一个低矮、大幅向前弯的鼻角，就像现代的开瓶器，不过并不是所有的野牛龙都有鼻角，这个角可能只在成年个体中才出现。在它的头盾顶端有一对大的尖角伸向背部。

野牛龙其他的尖角龙亚科（如厚鼻龙及尖角龙）相同都喜欢群居生活，与现今的美洲野牛或角马也很相似。相反的，发现的开角龙亚科（如三角龙及牛角龙）化石都是单独出现的，所以它们被认为是独居的动物，不过这也有争议，有足迹化石推翻了这种假说。与其他的角龙科相似，它长着复杂的牙齿能咬碎粗糙的植物。

野牛龙的生活年代为白垩纪晚期，约7500万到

7000万年前。与它同期的恐龙包括：鸭嘴龙科的亚冠龙、原栉龙及慈母龙、基础鸟脚下目的奔山龙、暴龙科的惧龙、甲龙科的埃德蒙顿甲龙及包头龙，以及小型的兽脚亚目斑比盗龙、伤齿龙和纤手龙，角龙科的短角龙及河神龙及反鸟亚纲的鸟龙。

野牛龙喜欢在温暖及半干燥的季节性环境中生活。其他与野牛龙一同发现的化石包括有腹足纲和双壳纲，野牛龙的骨头被认为是埋在浅湖之中。

野牛龙头部化石

从化石可以看出野牛龙有低矮弯曲的鼻角。

你知道吗？

野牛龙在尖角龙亚科中的种系发生学位置有些争议，这是由于野牛龙头颅骨有几个过渡性的特征，它们的最近亲应为尖角龙及戟龙，或是河神龙及厚鼻龙。后来有假说指出野牛龙是厚鼻龙族演化过程中的最早期物种，其后为河神龙及厚鼻龙，鼻角逐渐演化成圆形隆起，而头盾亦发展更为复杂。不论哪一个假说是正确的，野牛龙应该是在尖角龙亚科演化的中间位置。

野牛龙的额角

野牛龙与有明显额角的角龙科(如三角龙)不同，它的额角是低且呈圆形的。

野牛龙外形特征

头盾顶端有一对大的尖角伸向背部
野牛龙头部的鼻角是它的标志

非洲猎龙

非洲猎龙骨骼化石

位于澳大利亚博物馆的非洲猎龙的骨架模型。

非洲猎龙是和鲨齿龙化石一起被发现的。非洲猎龙是肉食恐龙，长8～9米，高8米，是一种体大但灵巧的兽脚类恐龙。它长有5厘米长的牙齿和带钩的锋利爪子。它的一些牙印还留在了未成年恐龙的肋骨上。

非洲猎龙是兽脚亚目斑龙科下的一个属。非洲猎龙的化石发现于非洲尼日阿加德兹地层。年代大致是白垩纪，距今约1亿3600万到1亿2500万年前。蜥脚下目的约巴龙，也是在此地层发现的，同时与非洲猎龙在同一论文中被首次提及。

非洲猎龙的化石包含一个接近完整的头颅骨（缺少下颌）、前臂及手、部分脊柱、接近完整的骨盆和完整的后脚。这些化石存放于美国的芝加哥大学。曾经在一个蜥脚类恐龙的化石上发现了非洲猎龙的齿痕。

非洲猎龙的骨架模型，位于澳大利亚博物馆。大部分专家认为非洲猎龙属于斑龙科。以往斑龙科是一个"未分类物种集中地"，包含很多大型及很难分类的兽脚亚目恐龙，但通过重新定义后，它成为棘龙总科内棘龙科的姊妹科。

非洲猎龙正在捕食

非洲猎龙是双足的肉食性恐龙，有5厘米长的锐利牙齿，及手上的三只爪。

非洲猎龙

恐龙名称：非洲猎龙
拉丁文名：Afrovenator
生存时代：白垩纪早期
食性：肉食
恐龙种类：蜥臀目

你知道吗？

白垩纪恐龙种类达到极盛，这时候最著名的恐龙是霸王龙，是陆地上出现过的最大的肉食性动物，而当时海洋中巨大凶猛的爬行动物并不亚于霸王龙，其中混龙类的上龙和海生蜥蜴类的沧龙身长可超过15米，比现在的逆戟鲸和大白鲨都大。

南极甲龙

正在进食的南极甲龙

南极甲龙是以蕨类植物为食的。

南极甲龙意为"南极洲的盾甲"，是种甲龙下目恐龙，生存于白垩纪晚期的南极。南极甲龙的体型中等，身长不超过4米，同时具有结节龙科与甲龙科的特征，使它们难以准确地分类。目前唯一的标本在1986年发现于詹姆斯罗斯岛，是第一种在南极洲发现的恐龙，但却是继冰脊龙之后，第二种被命名的南极洲恐龙。目前只有唯一种，奥氏南极甲龙。

如同其他甲龙类，南极甲龙是种笨重的四足草食性动物，身上覆盖着皮内成骨形成的骨板，嵌入至皮肤内。目前还没有发现完整的化石，但它们的身长估计最长可达4米。牙齿成叶状、不对称，牙齿边缘的锯齿朝向嘴尖的方向。就比例而言，南极甲龙的牙齿比其他甲龙类还大，最大的牙齿宽度有1厘米。与北美洲的包头龙相比，包头龙的体型较大，身长6~7米，牙齿宽度平均为0.75厘米。

虽然在白垩纪时期，南极洲位于南极圈之内，该地的气候却比现在温暖许多，应该没有冰河覆盖。南极甲龙等动物可能生存于由蕨类与落叶树构成的森林之中。尽管气温较高，当时的南极洲在冬天应有永夜。在当时，南极半岛与詹姆斯罗斯岛连接着南美洲，允许两地的动物群做生物迁徙。但目前没有证据显示南极洲与南美洲之间有个共同的甲龙类动物群。

南极甲龙复原图

南极甲龙是南极洲所发现的第一个恐龙化石。

你知道吗？

杂食性恐龙种类不多，其中有美颌龙，它们长着橙色的条纹、黄色的躯体，它们的身体非常灵活，尾巴又细又长，跑起步来非常的快，以免被其他的肉食性恐龙捉住。

南极甲龙

恐龙名称：南极甲龙
拉丁文名：Antarctopelta
生存时代：白垩纪
食性：植食
恐龙种类：鸟臀目

小盗龙

顾氏小盗龙

顾氏小盗龙的四肢都有羽毛，被称为"四翼恐龙"。

小盗龙化石

小盗龙化石发现于中国辽宁省九佛堂组。

小盗龙意为"小型盗贼"，化石发现于中国辽宁省九佛堂组，它属于小型的驰龙科恐龙，生存在白垩纪早期，即约1亿3000万至1亿2550万年前，目前发现的化石比较多，大约有10个。

赵氏小盗龙是目前世界上已知的体型最娇小的非鸟类兽足类恐龙。它的体型和始祖鸟很相似，体长不足40厘米。在赵氏小盗龙化石被发现之前，全球发掘长羽毛的恐龙依序为中华龙鸟、原始祖鸟、尾羽龙、北票龙、千禧中国鸟龙，赵氏小盗龙是第六个长着羽毛的恐龙。专家通过研究赵氏小盗龙的后肢，认为它很有可能喜欢栖于树上，而且能够在林间自由地滑翔。赵氏小盗龙的发现，为鸟类飞行的树栖起源假说提供了最有力的证据，这也说明了鸟类飞行的树栖起源假说和鸟类起源于恐龙假说之间，并不没有矛盾或对立。

通过小盗龙独特的翼部结构，人们对现代鸟类的飞行能力起源问题产生了疑问，鸟类是否有四翼飞行的阶段，或者小盗龙这种四翼滑翔只是没有留下后代的演化分支。在1915年，就有科

小盗龙

恐龙名称：小盗龙
拉丁文名：microraptor
生存时代：白垩纪
食性：肉食
恐龙种类：蜥臀目

学家提出鸟类的演化过程中出现过四翼飞行的阶段。查特吉与Templin并没有下定论，而是认为传统理论与四翼理论都有可能。但是，查特吉与Templin宣称从种系发生学和形态学来看目前的身体证据，不同的有羽毛恐龙、始祖鸟与某些现代鸟类如猛禽、以及足羽龙，都长有独特的长足部羽毛，这就表明鸟类的飞行是在某段时期内从四翼模式转化为前翼模式的，他们认为所有的现代鸟类很有可能是从有独特长足部羽毛的祖先演化而来或是四翼祖先演化而来的。

小盗龙复原图

小盗龙的四肢与尾巴长有正羽，证实恐龙与鸟类之间有紧密的演化关系。

长有羽毛的小盗龙

小盗龙是已知最小的恐龙之一，身长55～77厘米。

你知道吗？

肉食性恐龙中最强的就是霸王龙，但是它有个弱点是它不能下水，如果它的猎物进到水里，它就一点办法都没有了。霸王龙的牙齿和香蕉一样大，而且还有点弯。

小盗龙

大腿上方拥有飞羽
后翼上的装饰物也可用来协助小盗龙的滑翔与飞行

后凹尾龙

后凹尾龙化石

后凹尾龙的化石是在 1965 年由一个波兰与蒙古科学家共组成的挖掘团队发现的。

后凹尾龙是种蜥脚下目恐龙，身长 12 米，生存于晚白垩纪的蒙古。蒙古戈壁的自然气候是干燥、多风。科学家们在这里的白垩纪地层中发现了后凹尾龙的骨架，头已丢失。仅这一发现就引起了很大的震惊，因为大多数蜥脚类恐龙都生活在几亿年前的侏罗纪。 在后凹尾龙的腿骨化石上发现了牙齿的印记。一定是这只恐龙被别的动物咬过。大概是一只路过这里的恐龙发现了它的尸体，并且吃掉它的头和脖子。也可能它的头和脖子在搏斗中就被咬掉了。科学家们试图猜测这只恐龙的头是什么样子。有些人认为圆顶龙或内美盖特龙的头与后凹尾龙的身体骨架很相配。后凹尾龙四肢粗壮、步履蹒跚，行走时尾巴抬离地面。它时而停下来吃树顶的叶子，有时要站起来够汁液丰满的树叶，这时前肢抬起，它就用强壮的尾巴着地作为一种支撑。

后凹尾龙的骨骼大致上类似泰坦巨龙类的骨骼。但是它们的尾巴脊椎骨拥有独特关节，这也是它们的名称由来。每个尾部脊椎骨的前部具有大型圆顶物，而后部拥有半球状凹孔，形成一系列的球窝关节。后凹尾龙的另一特征是附着到尾巴上的巨大韧带与肌肉。因此它们的尾巴稍微往上倾斜，而非如同其他蜥脚类往下垂。

后凹尾龙曾经出现在几内亚共和国与蒙古国的邮票上。

后凹尾龙与人类对照图

后凹尾龙身长可达 12 米，人站在后凹尾龙前是相当渺小的。

后凹尾龙

恐龙名称：后凹尾龙
拉丁文名：Opisthocoelicaudia
生存时代：白垩纪
食性：植食
恐龙种类：蜥臀目

你知道吗

绝大多数吃肉的恐龙属于兽脚类。从三叠纪晚期到白垩纪晚期都有这类恐龙在活动，它们是恐龙家族中非常昌盛的类群。但与其他恐龙相比，它们的化石保存得不太完整，所以兽脚类的演化谱系至今还不十分清楚，以至于目前还缺乏统一的分类方法。

加斯顿龙

加斯顿龙复原图

加斯顿龙长着荐骨装甲及巨大的肩膀尖刺。

加斯顿龙是在 1998 年由詹姆士·柯克兰命名的，种名以化石搜寻者 Robert Gaston 为名，他是一位古生物画家，曾为许多博物馆的古生物绘画和制作古生物骨架模型。

加斯顿龙的化石发现于犹他州，地质年代约 1 亿 2600 万年前。发现的化石是所有目前多刺甲龙亚科化石中保存最为完整的，同时还发现了犹他盗龙的化石，而犹他盗龙则是体型最大的驰龙科恐龙。但是许多骨头呈关节脱落状态，所以很难知道加斯顿龙到底有多少尖刺。在它的骨盆区域有像盾牌一样的硬甲覆盖，在它的背部有尖尖的大骨钉尾巴，而在两侧长着向外伸出的骨钉。在所有身披硬甲的恐龙中加斯顿龙是武装最到位的恐龙之一，但是它的尾部没有尾锤。

罗伯特·巴克（Robert Bakker）所著的小说《Raptor Red》里就有加斯顿龙出现，这是一本关于一只雌性犹他盗龙的小说。

在故事中有一群不同的掠食动物企图攻击加斯顿龙，其中就有高棘龙，虽然加斯顿龙采取了防护措施，但最后仍然命丧犹他盗龙的利爪之下。

《侏罗纪格斗俱乐部》（Jurassic Fight Club）中也有加斯顿龙出现，它与犹他盗龙发生了争斗。

加斯顿龙化石

加斯顿龙由詹姆士·柯克兰在1998年命名。

加斯顿龙

恐龙名称：加斯顿龙
拉丁文名：Gastonia
生存时代：白垩纪
食性：植食
恐龙种类：鸟臀目

你知道吗

1902年，在美国的蒙大拿州首次发现了一具比较完整的恐龙骨架。在此以前的1850年，那里也曾发现过恐龙的牙齿，以后又有一些零星恐龙骨骼被发现。古生物学家对此进行了研究。1905年，美国纽约自然历史博物馆的首任馆长、著名的古脊椎动物学家奥斯朋首先给它取了个名称，叫霸王龙，意思是爬行动物中的恶霸。

克贝洛斯龙

克贝洛斯龙雕塑

克贝洛斯龙是由波奴特斯基教授命名的。

克贝洛斯龙属于鸭嘴龙科恐龙，它的化石发现于俄罗斯。化石发现于俄罗斯的尸骨层，有一个头颅骨以及其他的骨头，专家发现它们与栉龙及原栉龙是近亲。在中生代晚期，亚洲和北美洲之间仍有陆地相连，往返于两地间很容易。有一些恐龙进行了穿越大陆的迁徙，这就导致了同类恐龙的不同程度的进化。

克贝洛斯龙有较窄的额骨，脑壳形状比较特别，它的鼻孔周围的骨头和其他的骨头有比较明显的分界。目前还没有发现这个骨骼碎片的重组。根据亲缘分支分类法分析，克贝洛斯龙是栉龙及原栉龙的姊妹分类单元。

2004年，尤瑞·波奴特斯基及帕斯卡·迦得弗利兹提出有趣的克贝洛斯龙古生物地理学研究。由于克贝洛斯龙的近亲栉龙和原栉龙都只有在北美洲发现，而这说明亚洲和北美洲之间曾经有连接，以及亚洲及北美洲的动物群在白垩纪晚期互相迁徙的说法。可能中生代早期，栉龙所处演化支与埃德蒙顿龙所处演化支开始分开演化，在迁徙的途中，有一群发展成克贝洛斯龙，而其余则重返北美洲，演化出窄吻栉龙。专家研究还发现克贝洛斯龙很有可能是大型的草食性恐龙，具体的行走方式还无法确定。

你知道吗？

1974年，第一具完整的沱江龙骨骼化石在中国四川省自贡市被发掘出土。为了纪念长江的支流——沱江，科学家们把这种恐龙命名为"沱江龙"。虽然和生活在北美洲的剑龙相隔万里，但沱江龙还是属于剑龙大家庭中的一员。

克贝洛斯龙

恐龙名称：克贝洛斯龙
拉丁文名：Kerberosaurus
生存时代：白垩纪
食性：植食
恐龙种类：鸟臀目

隐面龙

隐面龙复原图

隐面龙是生存于白垩纪早期的兽脚亚目阿贝力龙科恐龙。

隐面龙又译隐脸龙，属兽脚亚目的阿贝力龙科，活跃于白垩纪早期。它的化石包含部分头骨和骨骼。隐面龙在2008年由保罗·塞里诺（Paul Sereno）与Stephen Brusatte命名，它的模式种是古隐面龙（K.palaios），属名来源于紧靠头骨的脸颊，种名的意思是"古老的"。

隐面龙属于最早的一种阿贝力龙，活跃于1.1亿年前的非洲的尼日尔境内，它的体型较小，只有阿贝力龙的一半，在它的脸部覆盖着一层骨质物。在已发现的化石中有一块完整的上颌骨。在同一时期还生活着棘龙、豪勇龙、沉龙、尼日尔龙等恐龙。

在隐面龙的正模标本（编号MNN GAD1）中有一个上颌骨、脊椎、肋骨、荐骨、天然状态的骨盆，它是一个成年个体标本，它的身长为6~7米。隐面龙是目前已知最早的阿贝力龙科之一，在它的上颌骨表面有明显的凹凸不平，这些特征显示其脸颊紧靠着头骨，可能脸上覆盖着一层角质物。赛里诺与Brusatte提出了一个新的亲缘分支分类法研究，他们认为隐面龙是最基础的阿贝力龙科恐龙。

隐面龙

恐龙名称：隐面龙
拉丁文名：Kryptops
生存时代：白垩纪
食性：肉食
恐龙种类：蜥臀目

你知道吗 ?

最古老的爬行类化石可追溯至古生代之宾夕法尼亚纪（31000万年前至27500万年前）。追本溯源，当系由两栖类演化而来。两栖类的卵需在水中才能开始发育。爬行类演化出卵壳，可阻止水分散发。此一重大进化，使得爬行类可以离开水生活。

凶猛的隐面龙

隐面龙是已知最早的阿贝力龙科之一，在它的上颌骨的表面明显的凹凸不平。

玛君龙

玛君龙头部素描图
与其他阿贝力龙科恐龙的头颅骨相比，玛君龙的头颅骨宽度较宽。

玛君龙

恐龙名称：玛君龙
拉丁文名：Majungasaurus
生存时代：白垩纪
食性：肉食
恐龙种类：蜥臀目

玛君龙头部复原图
玛君龙的头颅长度与高度比例较小，但没有肉食性牛龙那样小。

玛君龙属于兽脚亚目阿贝力龙科的一属，活跃于白垩纪晚期的马达加斯加，约7000万年前到6500万年前。玛君龙曾被认为是厚头龙下目恐龙，名为玛君颅龙，现在玛君颅龙被认为是玛君龙的次异名。

玛君龙是二足肉食恐龙，它的口鼻部比较短。虽然还不清楚它的前肢的完整样貌，但专家认为它们的前肢应该非常短，而后肢比较长而且粗壮。玛君龙与其他阿贝力龙科恐龙差别在于：头颅骨较厚、口鼻部上方的不平且长有较厚的骨头和头顶上的一根圆形角状物。这个圆形角状物曾被当作厚头龙类的颅顶。玛君龙的上颌和下颌牙齿比绝大部分的阿贝力龙科恐龙多。

目前已发现数个保存较好的玛君龙头颅骨和大量骨骸，有许多专家正在研究兽脚亚目恐龙。玛君龙似乎与生活在南美洲与非洲的阿贝力龙科恐龙较远，而与生活在印度的阿贝力龙科恐龙关系比较近。在生物地理学上有重要的意义。玛君龙是生态系统中的最上级掠食者，食物主要来源于蜥脚下目恐龙，比如掠食龙。

目前已经有证据表明它们是同类相食的恐龙。

在许多玛君龙骨头化石上发现有牙齿痕迹，与同一地区蜥脚类化石上的牙齿痕迹很相似。而且这些牙齿痕迹的间隔与玛君龙的间隔相同，牙齿的大小也符合，并拥有较小的凹口。在该地区玛君龙是已知的唯一大型兽脚类恐龙，很明显玛君龙有同类相食的现象。专家曾经认为三叠纪的腔骨龙有同类相食的现象，但是没有证据来证明这一结论。所以玛君龙是目前唯一确认有同类相食倾向的兽脚类恐龙。

玛君龙与人类对照图

玛君龙是种中等体型的恐龙，身长 6~7 米，该数据包含尾巴在内。

玛君龙

鼻骨特别厚并且互相固定
颈部强壮充满肌肉
脚部有 3 根具有功能的脚趾

玛君龙头颅化石

玛君龙的头颅骨相当著名，而且类似其他阿贝力龙科恐龙的头颅。

你知道吗？

暴龙属于最致命的一类恐龙。它们那似乎能够咬碎一切的牙齿令所有猎物胆寒。此外，暴龙身体庞大，身长可达 12 米，身高可达 6 米，体重最重可接近 7258 千克。在白垩纪末期，暴龙主要生活于北美洲西部的广大地区，靠两条腿走路。

恶 龙

恶龙

恐龙名称：恶龙
拉丁文名：Masiakasaurus
生存时代：白垩纪
食性：肉食
恐龙种类：蜥臀目

恶龙化石发现于非洲东南部的马达加斯加岛，它的化石保存得还算完整，大约有40%，包含了下颚、椎骨、前肢、后肢、腰带等。恶龙长有比较特殊的下颚：它的下颚第一颗牙齿几乎是水平的，前排牙齿的尖端有回钩，且有小小的锯齿分布。

恶龙属于阿贝力龙科。阿贝力龙大量分布在整个南方大陆。当时的南方大陆还是一整块，被称为冈瓦纳古陆。恶龙比较出名的就是它独特的颌部和牙齿结构，它的牙齿构造很适合抓取猎物。

从恶龙的牙齿和下颚的构造，可以看出

兽脚类恐龙的食性是多样性的。它的神经弓和神经棘低平，它的趾骨发达，腕骨呈圆形，它的髂骨和耻骨的关节排列有序，股骨内侧髁关节，胫骨突起及脚末节骨两面皆有沟等，这在阿贝力龙总科中是比较常见的特征。

恶龙与印度的福左轻鳄龙以及在阿根廷发现的西北阿根廷龙之间有很多相同的地方，它们都属于阿贝力龙总科内的西北阿根廷龙。恶龙化石的发现也证明了西北阿根廷龙科分布得比较分散，不仅分布于南美洲，甚至在马达加斯加和非洲都有分布。

恶龙头部特写

恶龙的牙齿和下颚的特化，可以看出恶龙是肉食性恐龙。

你知道吗？

玫瑰马普龙长约 12 米，重约 6 吨，曾经是地球上最大的肉食性恐龙。考古学家曾经在一个地方发现数具玫瑰马普龙的遗骸，这表明这种庞然大物可能习惯于群体围猎，共同围攻一种体形最大的恐龙阿根廷龙。

恶龙复原图

恶龙的发现也说明了西北阿根廷龙科分布相当广。

寐 龙

寐龙幼体

寐龙是目前世界上发现的最小的恐龙，被归入兽脚亚目伤齿龙类。

寐龙是一类体型比较小的恐龙，它的大小就像鸭子一样，它属于兽脚亚目伤齿龙类。当人们发现寐龙骨架时，它还保持着一种寐睡的姿态，所以取名寐龙。它的头蜷压在翅膀之下，就好像一只卧睡在巢中的小鸟一样，这与鸟类很类似。专家认为伤齿龙类不仅骨骼形态与鸟类相似，它们的行为与鸟类也有着很多相似的地方。

寐龙化石是 2004 年在中国辽宁省发掘出来的。寐龙活跃于白垩纪。它的属名为单一个寐字，而种小名为龙。寐龙的学名在所有恐龙中是最短的，它比蒙古的可汗龙（学名 Khaan）和澳洲的敏迷龙（学名 Minmi）都短。

寐龙的原型标本非常完整，仍然保持着立体形态：它的后肢卷缩在身下，面部伏在其中一只前肢之后，很像现代鸟类睡觉时的姿势。这表明恐龙和鸟类之间的行为有相似的点。美国纽约自然历史博物馆的马克·诺雷尔（mark a. norell）表示，"推测这只恐龙的死因，有可能是在它熟睡时，附近的火山爆发，将其埋在火山灰下导致其窒息而死"。寐龙化石的发现为研究鸟类与恐龙的关系及恐龙睡姿提供了有力的证据。

寐龙

恐龙名称：寐龙
拉丁文名：Mei
生存时代：白垩纪
食性：肉食
恐龙种类：蜥臀目

你知道吗？

鸭嘴恐龙是一种大骨架恐龙，嘴部像鸭嘴一样，它们可以消灭自己经过途中的所有植物。它们的头骨很大，有300多颗牙齿用于撕咬植物纤维。在其颚骨中，还有数百颗可以替换的牙齿。这种恐龙大约生活于7500万年前的白垩纪晚期。

寐龙复原图

寐龙的原型标本相当完整，仍然保有立体形态。

单爪龙

行进中的单爪龙

单爪龙是两足行走恐龙。

单爪龙意为"单一的爪",是兽脚亚目恐龙的一属,生存在上白垩纪的蒙古。单爪龙的双脚长而敏捷,可以快速奔跑,这在它们所生存的沙漠平原环境中非常有效。单爪龙的头部小,牙齿小而尖,显示它们是以昆虫与小型动物为食,例如蜥蜴与哺乳类。眼睛大,故可在较寒冷、较少掠食动物的夜晚猎食。

单爪龙是小型的兽脚类恐龙,与鸟类有亲缘关系。生活在距今 72000 万年前的晚白垩世,主要分布于蒙古西南部。

细观单爪龙,它有一副轻盈的骨骼,一条长长的尾巴与苗条的双腿,最令人惊奇的是它那只有一个爪子的前肢。这个粗壮结实的爪子是那么不成比例的大,它直接连接着单爪龙唯一的手指。单爪龙的指骨、尺骨与肱骨的长度非常接近。而胸骨具较大的龙骨突,这可能显示该龙骨突附着大面积的胸肌。根据这些特征,单爪龙的发现者推测单爪龙的小生境可能类似我们的现代土豚或者食蚁兽,使用它粗短有力的前肢为工具来穿透土壤,挖开地下的蚁穴或白蚁的小丘。而单爪龙那苗条的后肢与柔韧的颈部又说明了应该是一个高速奔跑的健将,这或许是它逃避敌害的手段。

单爪龙复原图

单爪龙的双脚长而敏捷，可以快速奔跑。

你知道吗？

在 1862 年发现的始祖鸟化石与美颌龙化石极其相似，差别在于始祖鸟化石有明显的羽毛痕迹（美颌龙虽然也有羽毛，但很原始），事实上有相当一部分肉食性恐龙具有原始羽毛，这显示恐龙与鸟类可能是近亲。

单爪龙

恐龙名称：单爪龙
拉丁文名：Mononykus
生存时代：白垩纪
食性：肉食
恐龙种类：蜥臀目

掘奔龙

掘奔龙群体

掘奔龙是种小型、行动敏捷的草食性恐龙。

掘奔龙意为"奔跑的挖掘者"，它属于鸟脚下目棱齿龙科的一属，化石发现于蒙大拿州东南部地层，约9500万年前。掘奔龙是种行动敏捷的小型恐龙，也是第一个发现有穴居生活证据的恐龙。

掘奔龙的正模标本是一个成年个体的部分骨骼，包含以下部分：前上颚骨、部分脑壳、3节颈椎、6节背椎、7节荐椎、23节尾椎、肋骨、肩带、前肢（缺乏手掌）、两个胫骨、一个不完整的腓骨、一个蹠骨。掘奔龙的尾巴缺乏骨化肌腱，与大部分鸟脚类恐龙不同，但这特征却适合它们的穴居生活。掘奔龙的颈部、前肢、骨盆、尾巴有许多特化特征，有助于它们挖筑洞穴、在洞穴中生活。

掘奔龙的三个标本被发现于掩埋在地下的洞穴中。这三个标本聚集在洞穴中、关节脱落，显示它们是死在这个洞穴中。洞穴的内部充满砂，因此现在形成内部为砂岩，外部包覆者泥岩、黏土岩的状态。

这个洞穴长约2米，宽70厘米，有两个弯道，洞穴的大小与宽度符合成年掘奔龙的体型。另外，研究人员发现洞穴连接着数个小型的圆柱状砂岩，直径只有数厘米宽，可能是由共生的小型穴居动物挖掘而成。

　　恐龙属脊椎动物爬行类，曾生存在中生代的陆地上的沼泽里，后肢比前肢长且有尾。其中有许多种好肉食性，许多种好草食性。其中体态很小的种类，类似最古之鳄及喙头类，较高级的种类与鸟类相似。

掘奔龙复原图

掘奔龙是两足行走的恐龙。

掘奔龙

恐龙名称：掘奔龙
拉丁文名：Oryctodromeus
生存时代：白垩纪
食性：植食
恐龙种类：鸟臀目

皱褶龙

皱褶龙意为"有皱纹的面孔",属于兽脚亚目恐龙,生存于白垩纪晚期的非洲,接近 9500 万年前。2000 年,在非洲尼日尔发现了一个皱褶龙的头颅骨,对研究该地区兽脚类恐龙的演化有很大的帮助,这一发现还证实非洲在该时期仍为冈瓦纳大陆的一部分。

皱褶龙的体型不是很大,它属于肉食性恐龙,身长 7 ~ 9 米,臀部高度为 2.5 米。皱褶龙的头部有装甲、鳞片覆盖,在其上有许多血管分布,导致保罗·塞里诺(Paul Sereno)与他的团队认为,皱褶龙的头部不是用来打斗或撞击的;他们认为皱褶龙是一种食腐恐龙。皱褶龙的头部两侧分布有 7 个洞孔,但它的功能还不清楚,塞里诺认为这些洞孔是支撑某种冠饰或角状物。皱褶龙的颅骨宽而短,一些专家认为它的颌部软弱无力,所以它无法主动捕食,可能以吃其他恐龙的尸体为生。

与其他的阿贝力龙类相似,皱褶龙可能长有非常短的前肢。它们的前肢很可能在打斗中发挥不了作用,它们可能只是作为平衡的工具,来平衡它们的头部。

皱褶龙的模式种是原皱折龙,它们被认为属于阿贝力龙科,或是阿贝力龙科的近亲,而且属于玛君龙的近亲。

皱褶龙

恐龙名称:皱褶龙
拉丁文名:Rugops
生存时代:白垩纪
食性:肉食
恐龙种类:蜥臀目

一些古生物学家经过反复考证得出最新结论：人们对生活在 6500 多万年前的恐龙的相貌认识有误。长期以来，人们都以为恐龙的鼻子长在非常靠近眼睛的部位，而且实用价值很小。而实际上，恐龙的鼻子是长在靠近嘴巴的部位，而且实用价值很大。

捕猎中的皱褶龙

皱褶龙拥有非常短的前肢，前肢可能无法在打斗中产生作用。

雌雄皱褶龙

皱褶龙是种中等大小的肉食性恐龙，身长 7~9 米，臀部高度为 2.5 米。

快达龙

快达龙是二足的草食性恐龙，它的奔跑速度很快，活跃于约 1 亿 1500 万年前的澳大利亚，当时的澳大利亚还位于南极圈之内。快达龙的体型娇小，眼睛比较大，这是为了适应极地的永夜。

快达龙长约 1.8 米，高约 1 米。它的腿部结构很适于奔跑。在脚上的四趾都有爪触地，而它的长尾巴则可以用来帮助转向。它的下颌长有 12 颗牙齿。而一般的棱齿龙科都最少长有 14 颗牙齿，所以它的面孔可能比较短。它长有鸟喙，后排牙齿呈叶子状排列，当旧的牙齿脱落后，新的牙齿就会重新长出来。

快达龙生活于白垩纪晚期。当时的澳洲还是冈瓦那大陆的一部分，并位于南极圈之内。平均气温为 −6~3℃，而每年都会出现最少 3 个月的极夜。通过研究棱齿龙科的骨头结构发现它是恒温动物，可以控制体温。很多澳大利亚棱齿龙科化石都有疾病的标识，

快达龙

恐龙名称：快达龙
拉丁文名：Qantassaurus
生存时代：白垩纪
食性：植食
恐龙种类：鸟臀目

你知道吗？

研究恐龙，全凭化石。古生物学家借助其化石，推测其形态及习性。根据古生物学家的研究，恐龙就像现生的动物一样：有大的，有小的；有的以两条腿走路；有的以四条腿走路，有的吃植物，有的吃动物，有的皮肤光滑，有的皮肤上有鳞或骨板，更多的有羽毛。

这很有可能是冬天死亡后，由春天的溶雪冲刷的。

快达龙可能以它五指的手掌来抓取蕨类植物来吃，会像现生的瞪羚般以速度来逃避猎食者的追捕。在它的皮肤上可能会出现一些保护的装饰，如斑点。

快达龙化石

快达龙是在 1996 由蒙纳许大学与维多利亚博物馆所主持的 Dinosaur Dreaming 挖掘计划第三季所发现的。

快达龙标本

快达龙长约 1.8 米，它的大腿很短但小腿长，可见它是迅速的奔跑者。

鸟面龙

鸟面龙复原图

鸟面龙的化石是于 1998 年在乌哈托喀发现的，地层被认为属于 8 千万年前。

鸟面龙，又可以称为苏娃蒙古古鸟，是一属兽脚亚目恐龙，形态上与鸟类很相似，活跃于白垩纪的蒙古。它属于阿瓦拉慈龙科，这是一类小型的虚骨龙类，它的前臂相当强壮，是专门用来挖掘的。它的模式种是沙漠鸟面龙。

鸟面龙是小型的恐龙，体长约 60 厘米，是目前发现的最小型的恐龙之一。它的头颅骨很轻巧，颌部修长，长有小型的牙齿。在非鸟类的兽脚亚目中鸟面龙颇为独特，它的上颌可以独立活动。

鸟面龙的后肢细长，脚趾很短，可以看出它的奔跑能力很强。它的前肢短而强壮。最早鸟面龙被认为其前肢只有一指，最新的研究发现它有退化的第二指和第三指。它会利用前肢来挖开昆虫（如白蚁）的巢，用嘴部来吸食昆虫、蚂蚁及一些白蚁。

鸟面龙是第 4 种有直接证据表明有羽毛的恐龙。它的模式标本被小型、管状、空心的结构包围，和现生鸟类羽毛的羽轴很相似。虽然这些化石相当不完整，但通过生物化学的研究发现这些结构包含了会衰变的 β 角蛋白，明显地缺乏 α 角蛋白。β 角蛋白是所有鸟类及爬行动物的外皮细胞中所共有的，并且只有鸟类羽毛是完全没有 α 角蛋白的。这些发现表明鸟面龙体表应该是覆盖着一层羽毛。

鸟面龙

恐龙名称：鸟面龙
拉丁文名：Shuvuuia
生存时代：白垩纪
食性：肉食
恐龙种类：蜥臀目

幼年鸟面龙

鸟面龙是小型恐龙，约60厘米长，是已知的最小型的恐龙之一。

你知道吗？

蜥脚形类恐龙主要生活在侏罗纪和白垩纪。它们绝大多数都是大型的素食恐龙。头小，脖子长，尾巴长，牙齿成小匙状。蜥脚亚目的著名代表有马门溪龙，世界上已知体形最大的动物——易碎双腔龙。

牛角龙

牛角龙

恐龙名称：牛角龙
拉丁文名：Torosaurus
生存时代：白垩纪
食性：植食
恐龙种类：鸟臀目

牛角龙拉丁文意为"巨型爬行动物"，专家曾经发现过一个2.4米的牛角龙头骨。牛角龙属于草食性恐龙，生活于白垩纪晚期的海岸平原，专家推测他们会用强有力的喙嘴来撕咬坚韧的植物。一般认为牛角龙的头部也有色彩鲜艳的冠饰，一般用来求偶以及和同类间的争斗。牛角龙长8米，重达8吨，它的头骨是目前已发现的陆上动物里最大的。

当牛角龙低下巨大的脑袋时，你就可以看到那壮观的头盾，这就显得牛角龙更为庞大。离得很远，你就可以辨认出牛角龙。

它的身长和大象一样，体重比五头犀牛的重量还重。它四足行走，以低矮的植物为食。

虽然牛角龙的头骨是人的13倍，但大脑却很小。不过，它那坚韧的头盾，眼睛上面的两只大尖角和头端部的一只小角，这些利器加起来，就使牛角龙的战斗力提升了好几倍。就算与最庞大的肉食恐龙较量，牛角龙也有得一拼。当牛角龙与敌人对抗时，你会看到这样的场面，牛角龙会左右摇摆它那巨大的脑袋来威胁对方，接着就叉开两只前腿站稳。最后当两只恐龙角抵在一起时，这时就开始了力量的较量。

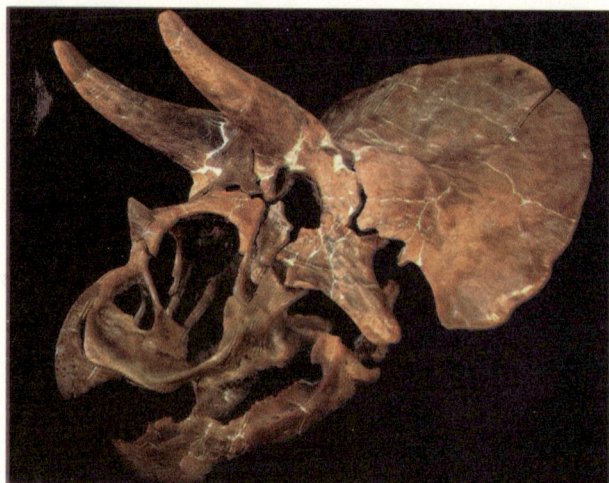

牛角龙头部化石

牛角龙的头部非常巨大，且长有尖角。

正在休息的牛角龙

皱牛角龙为白垩纪晚期的草食性恐龙，生活于海岸平原。

你知道吗?

不论是蜥臀目还是鸟臀目恐龙，它们的腰带在肠骨、坐骨、耻骨之间留下了一个小孔，这个孔在其他各目的爬行动物中是没有的。正是这个孔表明：与所有其他各目的爬行动物相比，被称为恐龙的这两个目的动物之间有着最近的亲缘关系。

戟 龙

戟龙群体

戟龙很有可能是群体生活的。

戟龙

恐龙名称：戟龙
拉丁文名：Styracosaurus
生存时代：白垩纪
食性：植食
恐龙种类：蜥臀目

戟龙雕塑

戟龙的成年个体身长约 5.5
米，它的头颅非常巨大。

戟龙也叫刺盾角龙，在希腊文意为"有尖刺的蜥蜴"，属于角龙下目恐龙的一属，活跃于约 7650 万到 7500 万年前。

1913 年劳伦斯·赖博命名了戟龙，属于尖角龙亚科。目前已知的有三个种：帕克氏戟龙、埃布尔达戟龙、卵圆戟龙，帕克氏戟龙经常被当作是埃布尔达戟龙的异名。

戟龙的成年个体身长约 5.5 米，体重在 2.7 吨左右。它的头颅相当大，拥有大型的鼻孔，在它的鼻部上长有高大的角，约有 50 厘米长，在它的头盾上长有 4~6 个尖角，数量因为物种的不同而有差异。在它的头盾上的 4 个长角，每个几乎都跟鼻部的角一样长，为 50~55 厘米。在它头盾的较低部位长有较小的角，与尖角龙头盾上的小角很相似，但比它小。与大部分角龙科恐龙相似，戟龙头盾上有一个大型的窝窗。它的喙状嘴里缺少牙齿。在戟龙的眼睛上方长有微小的未发展的眉角。

戟龙是最好辨认的恐龙。它的角与牡赤鹿的角一样，都很巨大。它颈盾上的奇特尖刺能够吸引异性戟龙和威慑天敌。戟龙不喜欢动武，它摇摇头就可以威

吓对手！但对于真正的战斗来说，它的尖角就发挥不了作用了，它还有秘密武器——巨大的鼻角！戟龙了以用鼻角发起突然袭击，如果没有做好防御，就会给对手以毁灭性的打击。它的鼻角相当锋利，可以刺透肉食性恐龙裸露的皮肉，并会留下一个圆洞状的伤口。它的颈椎相当坚固，能帮助支撑它巨大的头部。它的脚趾向外撇，这样就站得更加稳固，足以支撑起身体的重量。

在埃布尔达省恐龙公园组发现了两个戟龙的尸骨层。证据显示当时是季节性干旱或半干旱环境，所以大量死亡的戟龙很有可能是在喝水时死亡的。

戟龙模型

戟龙是由劳伦斯·赖博在1913年命名的，是尖角龙亚科的成员。

戟龙复原图

戟龙的庞大体型类似犀牛，戟龙的强壮肩膀用在物种内的打斗中。

你知道吗？

在历史上，人类发现恐龙化石由来已久。只不过是当时由于知识水平有限，还无法对这些化石进行正确的解释而已。相传早在1700多年前晋朝时代的我国，四川省武城县就发现过恐龙化石。但是，当时的人们并不知道那是恐龙的遗骸，而是把它们当作是传说中的龙所遗留下来的骨头。

戟龙

头盾上4个最长的角，约50～55厘米
眼睛上方有微小、未发展的眉角
头盾上每侧有4到6个尖角，数量依物种而不同

北票龙

长有羽毛的北票龙

北票龙是一种长羽毛的肉食恐龙，就像中华龙鸟一样。

你知道吗？

异特龙是一种凶猛可怕的肉食性恐龙，它的一张大嘴可以一下子吞下一头小猪。它的牙齿全都向里弯曲，猎物被它咬住就休想逃出来。

北票龙的身上长有羽毛，它属于肉食恐龙。专家从模式标本的皮肤痕迹推测，北票龙的身体上覆盖着类似绒羽的羽毛，与中华龙鸟很相似，但是区别在于北票龙的羽毛更长，而且垂直于前肢。

北票龙的全长可达 2.2 米，它是两足行走的恐龙，生活在大约 1.25 亿年前的白垩纪。尽管发现的化石不完整，但通过专家的精心修复，人们可以从这件化石中发现更多的北票龙的形态学特征，有很大的科学价值。

北票龙发现的最大意义在于解决了恐龙研究领域的一个富有争议的问题。那就是大多数的肉食性恐龙是不是长毛的爬行动物。人们一直认为恐龙是长有鳞片的庞然大物。

这是为什么呢？

这主要是两方面的原因。一是来自现代世界中的爬行动物。人们一直认为恐龙是爬行动物，所以它与其他的爬行动物比如鳄鱼、蜥蜴相似，身上覆盖着鳞片。二是因为化石的发现。在过去人们发现的恐龙化石中，专家曾经发现恐龙是有鳞片的皮肤印痕。因为以上两点，人们相信恐龙是披着鳞片的爬行动物。

北票龙为科学家的研究提供了依据。北票龙是又一种长有原始羽毛的小型肉食性类恐龙。所以专家大胆推论，晚于北票龙出现的绝大多数肉食性类恐龙的体表都覆盖着美丽的羽毛。

北票龙模型

科学家们认为生存年代晚于北票龙的绝大多数肉食性类恐龙都是体披原始羽毛的美丽的爬行动物。

北票龙

恐龙名称：北票龙
拉丁文名：Beipiaosaurus
生存时代：白垩纪
食性：肉食
恐龙种类：蜥臀目

红山龙

红山龙复原图

红山龙在最初的描述中被分类在鹦鹉嘴龙科之内，但一直没有进行亲缘分析。

红山龙属于白垩纪时期东亚的鹦鹉嘴龙科恐龙。虽然只发现了两个头颅骨化石，但通过与其近亲的比较，专家认为发现红山龙是双足的草食性恐龙，在它的上下颌前端有喙嘴。它发现于中国辽宁省热河组。

红山龙的正模标本是一个幼体的头颅骨，它保存得比较完整，只有部分右边及上颌尖端没有保存下来。它的头颅骨约有5厘米长。后来专家又发现了一个更大的成体头颅骨，差不多有20厘米长。它的头颅骨与鹦鹉嘴龙很像，但是与鹦鹉嘴龙的差异也比较明显。它的头颅骨比鹦鹉嘴龙的低，眼窝是椭圆形的，并非圆形。

红山龙的头颅骨都是在中国辽宁省义县组发现的。这个组最著名的成就是发现了许多完整保存的化石，其中就有羽毛恐龙化石。关于这个地层的年代还有很多争议，但最近研究表明它属于下白垩纪。在热河组也发现了鹦鹉嘴龙标本，其中一个在尾巴上有一列长的鬃毛。但是红山龙化石只有头颅骨，所以不清楚它是否有这些鬃毛。

在红山龙的最初描述中它被分类在鹦鹉嘴龙科之内，但是没有进行亲缘分析。此科下的另一属恐龙是鹦鹉嘴龙。另一个较为广泛的新角龙类包括了所有比鹦鹉嘴龙科更衍化的角龙下目。

红山龙化石

红山龙是以中国东北部的古代红山文化来命名，红山文化也是居于红山龙头颅骨化石的发现地附近。

你知道吗？

始祖鸟于 1861 年在德国的一个采石场里被人发现。自那以后，只发现过极少数其它样本，且全都位于德国的巴伐利亚州境内。然而，这些罕见而奇特的化石保存得相当完好，是迄今所发现的最重要的化石之一。

红山龙

恐龙名称：红山龙
拉丁文名：Hongshanosaurus
生存时代：白垩纪
食性：植食
恐龙种类：鸟臀目

知识问答

1. 小盗龙是生活于白垩纪早期的一类（　　）恐龙。

A. 兽脚类　B. 鸟脚类

2. 恐龙约在哪一个时代结束时灭绝？（　　）

A. 二叠纪　B. 三叠纪　C. 侏罗纪　D. 白垩纪

3. 结节龙是生活于白垩纪早期的一种（　　）植食性恐龙。

A. 剑龙类　B. 角龙类　C. 甲龙类

4.（　　）是目前为止发现的最大肉食性恐龙。

A. 南方巨兽龙　B. 鲨齿龙　C. 暴龙　D. 异特龙

5. 以下哪种是暴龙的拉丁文含义？（　　）

A. 庞大的蜥蜴　B. 长角的蜥蜴　C. 长有恐怖的爪子的蜥蜴　D. 凶暴的蜥蜴

6. 棘龙最大的特征在于（　　）。

A. 背上有明显的如帆状的长棘　B. 锋利的牙齿

C. 能四肢行走　D. 庞大的头颅

7. 多齿盐都龙属于下列的哪个目？（　　）

A. 鸟脚亚目　B. 剑龙亚目　C. 甲龙亚目　D. 角龙亚目

8. 与凶猛的霸王龙一样，窃蛋龙生活于白垩纪（　　）。

A. 早期　　B. 中期　　C. 晚期

9. 建设气龙被发现于以下哪个地区？（　　）

A. 自贡大山铺　B. 四川荣县　C. 四川合川县　D. 四川简阳市

10. 古似鸟龙是（　　）性恐龙。

A. 杂食　　B. 肉食　　C. 素食

11. 以下哪一条恐龙不是发现于四川盆地的？（　　）

A. 太白华阳龙　　B. 广元马门溪龙　　C. 杨氏鹦鹉嘴龙　　D. 甘氏四川龙

12. 霸王龙又名（　　）。

A. 暴龙　　　　B. 跃龙　　　C. 巨兽龙

13. 鸭嘴龙生活在什么环境中？（　　）

A. 水中　　　　B. 陆地上　　　C. 海中　　　D. 半水半陆

14. 如果我们回到侏罗纪，最可能看到下面哪一种生物？（　　）

A. 剑龙　　　B. 暴龙　　　C. 三角龙　　　D. 禽龙

15. 鹦鹉嘴龙是一种头部呈方型并生有一张鹦鹉嘴的（　　）恐龙。

A. 素食　　　B. 肉食　　　C. 杂食

16. 下面哪一种恐龙是肉食性的？（　　）

A. 棘龙　　　B. 梁龙　　　C. 剑龙　　　D. 禽龙

17. 以下哪一种生物在中生代是见不到的？（　　）

A. 蜥蜴　　　B. 雷龙　　　C. 地震龙　　　D. 梁龙

18. 下列哪一种恐龙不属于蜥脚类恐龙？（　　）

A. 梁龙　　B. 合川马门溪龙　　C. 许氏禄丰龙　　D. 恐爪龙

19. 被称为恐龙世界中"四不像"的是（　　）。

A. 镰刀龙　　B. 雷利诺龙　　C. 慢龙　　D. 弯龙

20. 下面何者不属于恐龙？（　　）

A. 鹦鹉龙　　B. 马门溪龙　　C. 敏迷龙　　D. 翼龙

恐龙公园
——未解之谜

恐龙可以说是最令人着迷的史前动物了。它们的身世神秘奇特，它们的演变与进化令人费解，它们的习性特征千奇百怪。尽管古生物学家们绞尽脑汁地研究它们，可仍然有许多关于恐龙的谜题没有解开。

白垩纪末为什么
出现众多恐龙蛋化石

长形恐龙蛋化石

白垩纪的恐龙蛋为什么没有孵化，一直是个谜。

世界上许多国家都发现了恐龙蛋化石，但化石数量不多。据1993年的统计，总数约为500枚。

但令人不解的是，这些恐龙蛋化石，绝大多数都属于白垩纪晚期，特别是白垩纪快结束的时候出现得最多。

1993年，在中国河南省有震惊世界的大发现，在南阳的西峡等县出土了大量的恐龙蛋化石，仅西峡一县就发现了5000多枚恐龙蛋化石。而且更不可思议的是这些恐龙蛋化石也是白垩纪晚期的。

虽然在侏罗纪、三叠纪都曾有恐龙蛋化石发现，但与白垩纪相比要少得多。那么为什么白垩纪晚期的恐龙蛋化石这么多，而其

他时代的恐龙蛋化石却那么少？

经过科学家的研究，白垩纪晚期出现这么多的恐龙蛋化石，说明当时恐龙蛋的孵化率很低，大量的恐龙蛋无法正常孵化，就变成了恐龙蛋化石。相反，其他时代的恐龙蛋孵化率较高，所以出现化石的机会就少。

至于白垩纪末恐龙蛋不能孵化的原因，当前有两种观点。一种观点认为白垩纪末气候变得干燥、寒冷，导致雌恐龙内分泌失调，进而生下了没有孵化能力的薄壳蛋。

另一种观点比较奇特，认为孵化时的温度可以决定恐龙的性别。白垩纪末期气候变得寒冷，导致孵出的恐龙"女多男少"，性别比例严重失调。这就导致大多数雌恐龙下的蛋无法正常受精，就出现了"哑蛋"。

白垩纪的"哑蛋"

白垩纪末期的很多恐龙蛋都没有正常孵化。

恐龙蛋化石

恐龙蛋化石的发现，为研究恐龙提供了很好的依据。

你知道吗？

从全世界出土的恐龙蛋化石来看，三叠纪、侏罗纪的很少，绝大多数是白垩纪晚期的，尤以白垩纪快结束的时候最多。对这种现象科学家解释为：由于白垩纪末自然环境条件的变化引起恐龙内分泌失调，产出的蛋大都不能孵化，结果长期埋在沙土中变成了化石。

恐龙会游泳吗

正在饮水的恐龙

大型草食恐龙一般都生活在靠近水源的地方。

恐龙大都生活在河流湖泊周围。但是恐龙不喜欢在水中生活，也没有像现生的河马那样半水生的能力，更习惯在比较干燥的陆地上生活。恐龙不会在一个地方待很久，它们为了寻找食物会在各栖息地之间迁徙，也会去其他地方开发新的领地。恐龙化石在世界各大洲都有发现，就是很好的证明。

现生的爬行动物水性都比较好，鳄鱼就不用说了，科摩多巨蜥可以从一个小岛游到另一个小岛，蛇也可以在水中游来游去。大多数哺乳动物也会游泳，比如牛、马、老虎都能游泳，猪、狗还是游泳高手。

蜥脚类恐龙在逃避掠食者的追捕时，会暂时进入河湖之中，它们的脖子都很长，10多米深的水根本淹不了它们。它们在游泳时前脚向前迈进，后脚用来踢水，会有脚印留在湖底。转弯时，四脚同时触地。发现的雷龙游泳时的脚印化石，就可以证明这一点。

鸭嘴龙是天生的游泳高手，它的前脚带蹼，尾巴扁平。利用尾巴的左右摆动，可以游得很快。一直以来人们都认为肉食恐龙不会游泳，这种观点是错误的。因为

已经发现了肉食恐龙在水中追击植食龙时留下的足迹化石。专家研究发现，肉食恐龙在游泳时，为了加快速度和改变方向，会用后脚猛蹬湖底，于是足迹化石就出现了。

你知道吗

研究人员介绍，当客观环境改变后，恐龙可能需要掌握游泳这一本领，才能在潮湿的生态系统中觅食；当它们需要越过河流或者逃避洪水时，游泳这一本领显得更为重要。一旦确定某些种类的恐龙的确会游泳，科学家就可以对它们的生存环境、适应能力展开进一步的研究。

水生生物化石
这是来自恐龙时代的奇异水生生物。

恐龙的水性
有很多恐龙应该是会游泳的，但让它们漂洋过海，应该是不可能的。

© 2000 Disney Enterprises Inc.

恐龙有胎生的吗

雷龙模型

雷龙究竟是胎生还是卵生，仍然存在很多争议。

孵化中的恐龙幼崽

恐龙是卵生的，这已经得到了证明。

恐龙蛋化石

恐龙蛋化石的发现很好地证明了恐龙是卵生的

恐龙是卵生的，这已经被科学家所证实。而且出土的恐龙蛋化石就是最有力的证明。但是，美国科罗拉多大学博物馆古生物馆馆长贝克却说，雷龙可能不是卵生，而是胎生的。

雷龙是目前世界上已知的最大的恐龙之一，生活在 1.2 亿年前。贝克在研究了 40 ～ 50 具成年雷龙的骨架后，发现雷龙的盆骨腔比其他恐龙都宽。这样宽的盆骨腔，足以容纳下胎儿，并且可以顺利地分娩。其他恐龙的盆骨腔小，就无法做到这一点。

1910 年，曾发掘出一具成年雷龙的化石骨架，令人惊奇的是在骨架中竟发现了一个小雷龙的骨架。当时专家推断，这一大一小两具骨架，很有可能是被水冲到一起的。

当贝克仔细研究这一标本后，得出了惊人的结论：这是一具母子化石，是雌雷龙和它的还没有降生的胎儿的遗骨！贝克相信，雌雷龙不产卵，而是胎生的，与现生的大象相同。

小雷龙出世后，会得到父母的照顾，因为发现过这样的雷龙脚印化石——在大脚印中出现了小脚印。

从这些小脚印可以看

出小雷龙的体重大约在 135 千克。没有更小的化石脚印被发现。说明小雷龙可能一出生，身体就达到了一定大小，可以自由走动。如果是卵生的，小雷龙不可能有这么大。

　　贝克曾经花了好几年的时间去寻找雷龙蛋的化石，但至今仍然没有发现。在中生代时，雷龙曾成群结队地生活在北美大陆的湖滨沼泽地带。如果雷龙真是卵生的，那么就会很容易找到它们蛋的化石或蛋壳残片。

　　对雷龙是胎生的还是卵生，现在还存在争议。但有一点可以肯定，爬行动物中，虽然大都是卵生，但也有少数是胎生的，如现生的蛇类和蜥蜴类中就有胎生。与恐龙同时代的鱼龙就是胎生，在德国发现过鱼龙幼崽的化石。

猫

动物的受精卵在动物体内的子宫里发育的过程叫胎生。胚胎发育所需要的营养可以从母体获得，直至出生时为止。

蜥蜴

现代的蜥蜴也有胎生的。

你知道吗？

　　胎生和哺乳，保证了后代较高的成活率。胎生为发育的胚胎提供了保护、营养以及稳定的恒温发育条件，能保证酶活动和代谢活动的正常进行，最大程度降低外界环境条件对胚胎发育的不利影响。

鱼龙

中生代的鱼龙就是胎生的。

恐龙会得病吗

恐龙化石

专家经过研究恐龙化石发现，一些恐龙也是会生病的。

鸭嘴龙化石

专家在鸭嘴龙化石上发现了很多伤痕，从化石中可以看出，这些伤痕会自己愈合。

恐龙骨骼群

这些恐龙是不是因为得了某种传染病，而集体死亡的呢？

古生物学家们发现，在一些恐龙骨骼化石上，经常出现疾病和外伤的痕迹，这说明恐龙也会经常生病。它们时不时地生点小病，很快就好了，如果病情严重，就会危及它们的生命。在成都理工学院博物馆的大厅里，摆放着一具巨大的蜥脚类恐龙化石骨架，它就是著名的合川马门溪龙。专家在这具化石的颈椎、脊椎和尾椎等不同部位的骨头上，发现了很多瘤状物和结核。这些瘤状物附着在它的身上，说明恐龙在生前得过骨科疾病，它经常会感到疼痛。专家曾在一块长30厘米的恐龙肱骨化石上，发现了拳头般大小的菜花状的骨质增生物，这很有可能是软骨肉瘤。

在美国自然历史博物馆的鸭嘴龙化石上，它的左肱骨曾因骨折而出现过骨膜炎，而且还有骨质增生的现象。同时在该馆的巨型恐龙——雷龙的尾椎骨上，可以看出它患过化脓性骨髓炎。

在加拿大博物馆的鸭嘴龙骨骼，它的肋骨曾受到损伤。它的肋骨在断裂之后又愈合了。这种情况相当普遍，所以这种损伤不大可能是偶然事故造成的。而很有可能是雄性鸭嘴龙之间争斗留下的伤痕。为了争夺领地的统治权，雄鸭嘴龙之间经常会发生争斗。

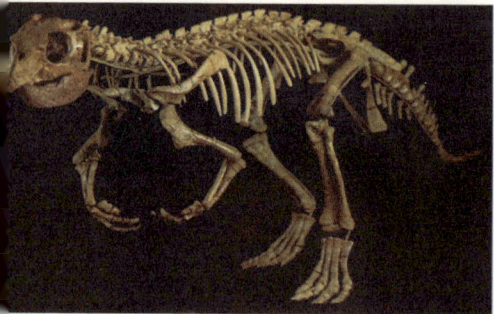

专家通过研究恐龙的骨骼化石，发现它们可能患过关节炎。一些专家通过对恐龙的亲戚——沧龙的病情进行诊断，发现它们有的得过减压综合征，有的得过炎症。

在得炎症的沧龙的脊椎骨中，做切片检查时还发现了一枚鲨鱼的牙齿，说明它曾经受到过类似鲨鱼的攻击。而在减压综合征的那个沧龙的脊椎骨经切片检查证明是它由于深海潜水造成的。经过专家的研究发现，恐龙可能得过其他病。但只有骨科病才留下了化石"病历"。

霸王龙骨骼化石

强壮的恐龙也会生病，也许它就是因为某种疾病而死亡的。

争斗中的恐龙

由于经常争斗，恐龙身上经常会出现伤痕。

恐龙骨骼化石

从众多恐龙化石中，专家发现很多恐龙都患有关节炎。

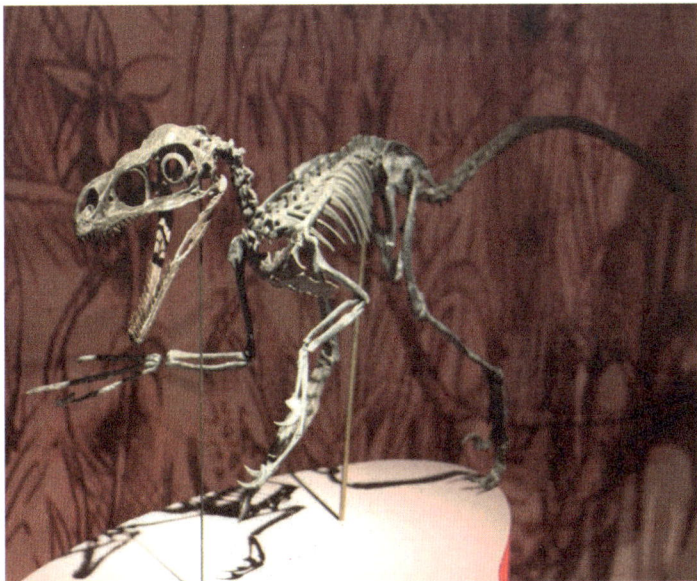

你知道吗？

经过大量的研究，发现很多恐龙在生前都深受骨伤的痛苦折磨。专家推测，之所以会有这种情况的发生，很可能是恐龙之间的争斗造成的，或是为了争夺配偶，或是为了争夺领导权，或是为了抗击敌人的攻击等等。

恐龙的颜色之谜

1995 年，在北京中国历史博物馆进行了一次特别的展览会，这是一次机器恐龙博览会。展出的机器恐龙色彩艳丽，令人耳目一新。

在霸王龙的身上，出现了像老虎一样的条纹，在角龙的脖子上有着像蝴蝶般美丽的图案，但是它的背脊却是乌黑的。

也许有人就要问了：在自然博物馆或电影里出现的恐龙，大都是土黄色或草绿色的。为什么这里的机器恐龙却是五颜六色的呢？恐龙究竟是什么颜色呢？

古动物学家解释说早在 6500 万年以前，恐龙就灭绝了，所以，恐龙的颜色已经成为了千古之谜。

关于"恐龙到底是什么颜色的"这个问题，科学家们有着不同的意见。

现在的古生物学家们比较认同的观点是：恐龙实际上并没有完全消失，现代鸟类的祖先就是一种小型肉食恐龙——虚骨龙。

一些专家据此推论：恐龙和鸟类一样，为了和异性亲近，它们必然把自己装扮得吸引眼球，而鸟的冠和脖子大都是色彩鲜艳的，所以专家认为恐龙身体的这些地方也应该是五彩缤纷的。博

卡通恐龙

在各种动漫中，恐龙往往被描绘成各种颜色。

恐龙的颜色

很多恐龙的颜色都是专家们根据化石想象的，并没有依据。

恐龙颜色复原图

关于恐龙的颜色还需要更多的化石依据。

览会上五颜六色的机器恐龙，就是依据这些专家的观点设计制造的。

他们还认为恐龙身体的颜色与它们的视觉有关，恐龙的眼睛和鸟类相同，不仅大而且可以分辨出颜色。恐龙既有炫耀自己的动机，也有分辨颜色的能力，因此身体很有可能是绚丽多彩的。

但是，一些专家不同意这个观点。他们认为羽毛艳丽的鸟大都是体型较小的鸟，而多数体型大的鸟，像鹰、鹫的羽毛颜色就比较单一，所以鸟类不能作为判断恐龙颜色的依据，那些色彩鲜艳的机器恐龙不应该出现在博物馆里，因为它们没有科学依据，完全是想象出来的。

还有观点认为爬行动物差不多都是一个颜色，所以恐龙的身体也应该是一个颜色的。几年前，考古工作者发现了一处鸟龙类恐龙住的地方，发现它们的栖息地很像鸟类的巢。另外，这些鸟龙类恐龙从生下来，到长到 1 米多高的这一时间段内，不会离开巢穴，这一点也和现代鸟类的生活习性很相似。

所以，有专家认为恐龙的颜色很可能跟鸟差不多。大型的恐龙是单一颜色，而中、小型的恐龙则是多颜色的。但这也没有科学依据。

恐龙到底是什么颜色呢？也许这就将成为永远也无法揭开的谜。

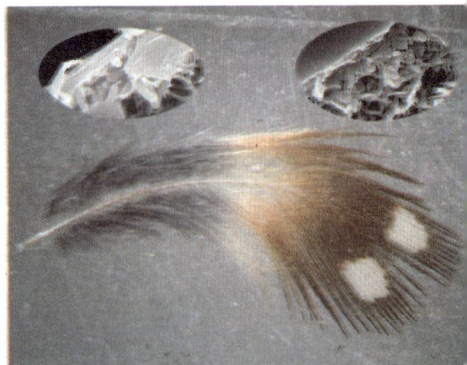

孔子鸟羽毛颜色

专家推测的孔子鸟羽毛的颜色，由于没有更多的证据，专家研究恐龙的颜色非常的困难。

三角龙

不同种类的恐龙也许拥有不同的颜色。

你知道吗?

从中华龙鸟的化石推测，这些带毛的恐龙和古鸟类的身体，应该已具有以灰色、褐色、黄色及红色为主要基础的色彩，假设这些色彩可能产生不同比例的组合，那么一亿多年前的鸟类和恐龙或许也如同今天的鸟类一样五颜六色。

恐龙模型

很多专家认为大多数恐龙都是一个颜色。

恐龙为什么会长有庞大的体型

著名的霸王龙，从头到尾长达 15 米，站起来有 6 米高，差不多相当于两层普通楼房那么高。与现代的生物相比，霸王龙的体型就是相当巨大的了！

其实在恐龙公园中，霸王龙只是中等身材。真正的庞然大物是那些蜥脚类恐龙，比如雷龙、马门溪龙、腕龙和梁龙，它的体长在 20 ~ 30 米，抬头的高度达到了 5 ~ 6 层楼那么高。尽管在恐龙中也有小型恐龙，但总体而言，它们是至今最大的陆生动物。

那么最大的恐龙有多大，还无法确定。同时，令科学家感到疑惑的是，恐龙为什么要长那么大？对它们的生存有什么好处？

一种观点认为，爬行动物与哺乳动物有着不同的生长方式，哺乳动物在长到成年阶段后，就会慢慢衰老、死亡。它们的寿命比较短，所以个头不会太大，当然这里说的是主要陆地上的哺乳动物。

而对于大型的恐龙而言，却具有无限的生长力，只要它们还活着，它们就会一直长个子。大型的蜥脚类恐龙一般可以活 200 多年，经过 200 年的生长，它们的个头自然会比较大。

另一种观点认为，在中生代不只有恐龙躯体很大，在海洋里的菊石（一种头足动物）的体型也很大；在侏罗纪有一种蝗虫，体长会达到 1 米以上；有一类翼龙，它的翼展会达到 15 米，就好像一架飞机。这是为什么呢？

觅食中的恐龙

要支撑庞大的身躯，梁龙就要不断地觅食，可以说他们的一生都在吃东西。

蜥脚类恐龙

蜥脚类恐龙一般都拥有庞大的身躯，同时庞大的身躯也拥有一定的防御作用。

进食中的马门溪龙

每天 24 小时中，有 20 个小时马门溪龙的嘴巴在不停地取食。

庞大的体型在生存上是否有好处呢？关于这一点也有很多争论。一种观点认为在中生代特定的环境中，体型大对生存竞争是有利的。例如，蜥脚类恐龙可以依靠庞大的身躯抵抗敌人的攻击。草食性恐龙雷龙的体重是肉食性的跃龙体重的 13 倍；四川峨嵋龙的体重是吃肉的建设气龙的 20 倍。面对这么庞大的猎物，一个不小心，肉食性龙就可能会落个"偷鸡不着蚀把米"的下场。庞大的身躯意味着有更多的生存空间。要不，有些恐龙就不会演化出如此庞大的体型。特别是植食性龙和肉食性龙之间，前者为了抵抗袭击越长越大；后者为了捕食前者也只有不断地增大自己的身躯了。

当然，大也有大的坏处。一些专家认为，体型大的动物肚皮大，就需要更多的食物，像蜥脚类恐龙，偌大的身体，食物问题就不好解决，如果环境发生变化，首先被淘汰的就是这些巨型恐龙。

恐龙为什么长那么大？目前还没有定论。然而恐龙统治了整个中生代，可在中生代末它们却又灭绝了。它们的成功与失败都与庞大的身躯有一定的关系。

恐龙骨架

从发掘的恐龙化石就可以看出它们体型的庞大，在许多地方都发现了大型恐龙化石。

恐龙与人类对照图

在腕龙面前，人类是如此渺小。腕龙的高度可以达到12米。

狮子

一头凶猛的非洲狮只能捕捉比自己体重多 2～3 倍的斑马，体型大确实有一定的防御功能。

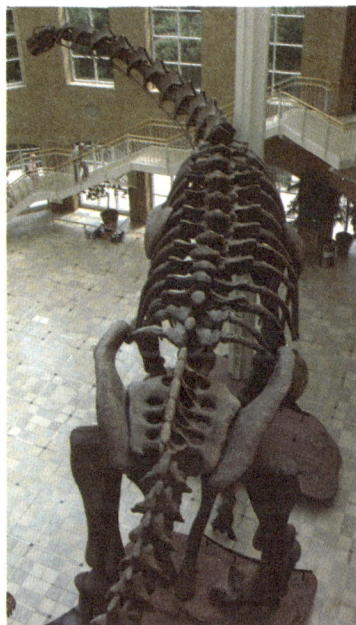

你知道吗？

为什么恐龙能长那么大？专家说，因为恐龙与人类发育到一定阶段就会停止生长的模式不同，恐龙家族的绝大部分是终生生长。它们孵化出来的那一刻开始，一直到它们死亡，这些恐龙一直都在不间断地生长。

恐龙有两个大脑吗

两个大脑的恐龙？你没有听错。有的恐龙还真有两个大脑，比如马门溪龙、雷龙和梁龙。也许是因为一个大脑不够用，所以再长出了一个。

这类恐龙的身躯特别大，而且脑袋都特别小。以马门溪龙为例，在它活着的时候有体重可以达到四五十吨，但是它的大脑仅有 500 克左右。

很难想象这么小的大脑，却指挥着如此庞大的身体。专家解剖了马门溪龙的脑壳和脊椎骨，终于发现了秘密。原来，在它的臀部脊椎上，生长着一个叫神经球的东西（脊椎的膨大部分），正是因为这个神经球存在，才使它可以自由活动。

神经球比大脑要大好几倍，神经球指挥着马门溪龙的后腿和大尾巴的运动。这样，就减轻了马门溪龙头上的那个小大脑的负担，头上的大脑只负责吃东西和接受信息。

剑龙的大脑

剑龙的大脑和体型完全不成比例，大脑只有一个核桃那么大，约100克重。

剑龙的骨刺

剑龙臀部的神经球控制着尾部的骨刺，遇到危险时，可以指挥骨刺战斗。

马门溪龙的两个大脑

马门溪龙就有两个大脑，在它的臀部脊椎上，有一个叫神经球的东西，协助它的大脑工作。

马门溪龙的神经球

臀部的神经球对马门溪龙来说是相当重要的，可以帮助它抵御敌人。

马门溪龙臀部的神经球实际上相当于它的"后脑"，与前脑相距约十几米远。前后两脑担负着不同的任务，它们分工合作，指挥着身体的运动。当然，由于两脑相距较远，信息传递的速度就会受到影响。因此像马门溪龙这类爬行动物，反应一定很迟钝，属于笨手笨脚的家伙。

马门溪龙不是唯一有两个大脑的恐龙，剑龙也有两个大脑。剑龙像大象那样大，但是头部却很小。它的大脑只有一个核桃那么大，约100克。头部的大脑根本无法单独完成指挥全身的重任，所以在它的臀部出现了一个神经球，这个神经球比大脑要大20倍，它主要主管腿和尾的运动。剑龙的大脑很小，所以它是一个四肢发达、头脑简单的动物。剑龙看上去就是一副呆头呆脑的样子。但是当它遇到敌人时，它的大神经球就发挥了重要作用，它会反射性地甩动带刺的尾巴进行殊死搏斗。

马门溪龙

马门溪龙的两个大脑各自有不同的分工，以支撑其庞大的身躯。

你知道吗？

马门溪龙属最著名的两个种：一为合川马门溪龙，发现于四川省合川县；另一个为建设马门溪龙，发现于四川宜宾。马门溪龙在蜥脚类演化史上属中间过渡类型，为蜥脚类恐龙繁盛时期（距今1.4亿年的晚侏罗统）的早期种属，在侏罗纪末全部绝灭。

剑龙的两个大脑

剑龙也拥有两个大脑，剑龙的神经球的作用是主管腿和尾的运动。

恐龙是怎样迁徙的

恐龙的习性

兰氏龙也是群体生活，说明他们可能会迁徙到其他地方。

迁徙的鸟类

现代的很多鸟类都有迁徙的习性。

原角龙遗骸

在蒙古发现的原角龙遗骸，至少说明了原角龙是群体生活的，可能是在迁徙过程中死亡的。

从大量的化石中人们了解了一个比较确切的信息，某些恐龙是会迁徙的。比如原角龙，它们最初生活在亚欧大陆，但是后来却迁徙到了北美洲，并在那里定居，繁衍后代。专家推测，这是因为在白垩纪，这些刚发展起来的新种群，偶然的机会沿着欧亚大陆和北美洲大陆之间的狭窄而极长的陆桥，从亚洲迁徙到了北美，继续其刚刚开始的种群发展。所以尽管角龙类的祖先出现在亚洲，但它们的后代却全部分布在北美洲大陆。如果说这样的例子还无法说明恐龙迁徙的理论，那么在加拿大阿尔伯特省找到的大量角鼻龙化石，则是证明恐龙迁徙最有力的证据。

自 1977 年以来，在加拿大阿尔伯特恐龙公园内有了惊人的发现，出土了大量距今 7500 万年前的恐龙化石，已清理统计出 35 种大约生活在同一时期的恐龙。如此多的恐龙种类共同生活在一起，而且相安无事，简直就是一个奇迹。特别是生活习性和形态结构都十分相似的两种鸭嘴龙——兰氏龙和盔龙，这简直就是不可能的事。因为它们之间一定会存在激烈的斗争，是不可能长期生活在一起的。所以专家推测，它们只是在某一特定的时间内互不干扰地生活，最有可能的是，它们是在一年的不同时间里来到该地区的，也就是说，这些化石很有可能是它们在迁徙或者觅食的过程中遗留下来的。

还有另一个证据，就是角龙类中的粗鼻龙化石的发现。1945 年，第一个粗鼻龙化石在北纬 50℃的阿尔伯特省南部被发现；1986 年，在该化石点以北约 720 千米的地方发现了另一块粗鼻龙化石；1987 年，在阿拉斯加的北极圈内一个粗鼻龙的头骨化石被发现。最北的化石发现点距离最南的化石点有 3000 多千米远。

可以肯定的是如此遥远的地方，几乎是不可能同时演化出相同的生物。这就说明，粗鼻龙具有迁徙的习性。专家通过对粗鼻龙运动速度的研究发现，粗鼻龙群是可以实现在一年之内从北美洲南北之间的来回迁徙的。

中生代的恐龙

恐龙的迁徙到现在依然是个谜。

大象的迁徙

由于炎热的气候大象会迁往靠近水源的地方，那么恐龙迁徙是因为什么呢？

你知道吗？

所谓迁徙，是指动物在自然条件发生变化，或者为满足自己生殖发育的需要，而变化栖居地区的习性。许多动物都有迁徙的习性，如某些鸟类的迁徙，鱼类的洄游，昆虫的迁徙，哺乳类的迁徙等。

恐龙的信息传递

盔龙的脸上有皮囊，它鼓起皮囊成球状，给恐龙群传递报警信号。

恐龙吃什么样的植物

中生代不仅被称为恐龙时代，也被称为裸子植物时代。中生代不仅分布着大量恐龙，同时还有大量的裸子植物出现，正是这些众多的裸子植物为素食恐龙提供了生存的条件。那么，为什么恐龙以裸子植物为主要食物呢？

在陆地上，早期的植物是通过释放孢子来进行繁殖的，现在地球上生存的菌类和蕨类植物，就是通过这种方式繁殖的。这类植物大多生活在阴暗潮湿的地方，这就说明它们是从海洋向陆地发展的一类过渡植物。

孢子繁殖是非常缓慢的，所以从寒武纪生命大爆发一直到到蕨类植物在陆地大量分布，经过了3亿多年的时间。在古生代晚期，裸子植物迎来了自己的"春天"，裸子植物和稍晚出现的被子植物统称为种子植物，这是因为它们靠种子来繁殖后代，不管它们的种子是通过什么途径传播的，都证明它们可以更好的生存下去。

之后，曾盛极一时的蕨类植物和开始发展起来的裸子植物一起进入了恐龙占统治地位的中生代。裸子植物很多都是高高的乔木，部分为低矮的灌木，也就是现代的松、柏和银杏这样的针叶类、藤类和杉树。

裸子植物的演化

现代生存的裸子植物有不少种类出现于第三纪，后又经过冰川时期而保留下来，并繁衍至今。

恐龙的食物

裸子植物为恐龙的生存提供了必要的食物。

中生代裸子植物

裸子植物出现于古生代，中生代最为繁盛，后来由于地史的变化，逐渐衰退。

在中生代是不是阔叶类的植物也比较多呢?20世纪80年代，加拿大地质学家在北极圈内的埃尔斯米尔岛发现了一片以水杉为主的化石树林，同时还发现了鳄等动物的化石，这说明北极的气温曾经很高。而大量的动植物化石表明，白垩纪末期以前，地表较为平坦，陆地温差很小，当时的陆地几乎是连在一起的，称为泛古陆，当时的两极地区还没分离出去。全球的气候差不多，都是温暖潮湿的气候环境，这样的环境很适合阔叶类的裸子植物生长。

阔叶类的裸子植物的大量生长就为植食性恐龙提供了食物来源，这也表明当时恐龙大部分生活在热带和亚热带。而

植食性恐龙的出现对裸子植物来说就是灾难。在亚洲，曾经出现过一种巨大的恐龙，它每天的食量可以说是恐龙中的王者。为了维持庞大的体型，他们肯定需要进食大量的植物，但是比较奇怪的是这些恐龙全都长了一个很小的脑袋和一张不大的嘴，怎么来满足那么大的食量呢?就只有不停地吃了。科学家推测，马门溪龙一天要花20个小时的时间来进食!在目前已知的生物中这肯定是世界之最了。

高大的树木

由于素食恐龙一般都有庞大的体型，所以它们能吃到高处的树叶。

裸子植物

裸子植物，多为乔木，少数为灌木或藤木（如热带的买麻藤），通常常绿，叶针形、线形、鳞形、极少为扁平的阔叶（如竹柏）。

裸子植物的有性繁殖

裸子植物是地球上最早用种子进行有性繁殖的，在此之前出现的藻类和蕨类则都是以孢子进行有性生殖的。

你知道吗?

据统计，目前全世界生存的裸子植物约有850种，隶属于79属和15科，其种数量仅为被子植物种数的0.36%，但却分布于世界各地，特别是在北半球的寒温带和亚热带的中山至高山带，常组成大面积的各类针叶林。

恐龙是冷血生物还是温血生物

恐龙

关于恐龙是冷血还是温血动物，还存在着很大争议。

恐龙可以调节体温的说法，是有一定道理的。一方面，恐龙在运动姿态大都是直立行走的，与现代的龟、鳄、蜥蜴等爬行动物不同。灵活的行走方式，就需要消耗更多的能量，也就需要不断地进食。吃得多，就需要有一个良好的新陈代谢系统，这样才能保证体内器官的热量，维持体温。另一方面，从恐龙的骨骼结构可以看出恐龙与哺乳动物和鸟类有很多类似的地方，所以，说恐龙是冷血动物是需要科学依据的。

但事实上，要证明恐龙是温血动物也很难。因为一些恐龙特点的出现极大地冲击了恐龙的"温血"观点。比如恐龙的大脑大都比较小，这就使恐龙显得不太灵活，与哺乳动物的运动速度相比，恐龙的速度就显得很慢了。已知的那些行动灵活的恐龙只是恐龙公园中的一小部分。另外，在恐龙骨架中发现了一种骨头叫哈弗氏骨，它可以用来控制骨骼血液间钙磷的转换，似乎这种骨头可以证明恐龙有控制体温的能力。但是在一些冷血动物身上也发现了这种骨头，而一些内热动物，比如鸟类和某些哺乳类却有缺失这个哈弗氏骨的现象，这就使恐龙是冷血还是温血更加难以判断了。

冷血动物

蛇是典型的冷血动物，冷血动物通过寻找凉爽或温暖的环境来改变自己的体温，它们缺乏维持一定体温的生理机能，比如完善的心脏。

你知道吗 ？

恐龙是"冷血动物"，还是"温血动物"？至今仍无定论。谁也无法自圆其说，但是这个课题十分重要，对于恐龙的生活和灭绝有着至关重要的意义，人们正在研究，希望能揭开这一"自然之谜"！

温血动物

鸟类是典型的温血动物，其体温不因外界环境温度而改变，始终保持相对稳定。

蜥脚类恐龙的栖息地在哪里

水源地

恐龙大都生活在水源丰富的地方，水是维持恐龙生命的重要条件。

通过对大量化石的研究发现，恐龙的主要栖息地是在一些靠近内陆的河湖周围和植物繁盛的低洼地区。同时在山坡高地上，还生活着一些身体小但行动灵活的恐龙。

研究还表明恐龙喜欢温暖、潮湿的气候。专家通过对中生代气候的研究发现，当时各大陆都有着温暖湿润的海洋性气候，四季温差很小，植被茂盛。这就是最理想的恐龙生存繁衍的地理环境，这样优越的环境造就了恐龙的昌盛。

在早期由于一些原因人们对于恐龙栖息地的猜想和现在是有差别的。一直以来，大多数人认为大型的蜥脚类恐龙喜欢生活在水里，江河、湖泊是它们最理想的栖息地。

因为在这样的环境下它们不仅可以躲避陆地上肉食恐龙的袭击，还可以依靠水的浮力减轻它们身体的负担。在河流和湖泊里有着丰富的水生植物，它们可以很轻易地找到自己的食物，所以专家认为蜥脚类恐龙大多生活在河流和湖泊里。但现在的研究表明，蜥脚类恐龙无法长期生活在水中，更不是两栖动物，它们真正的乐土是辽阔的冲积平原上的茂密的森林。在那里，它们可以吃到鲜嫩的食物。它们健壮的四肢足以撑起庞大的身体，脚掌上厚厚的肉垫保证了它们在坚实的地面行走。蜥脚类恐龙很像现在的大象，只是它们吃的食物不同（大象吃的是被子植物，而蜥脚类恐龙吃的是裸子植物）。

生活在水源附近的恐龙

和现存的许多动物一样，恐龙也是逐水草而居。

你知道吗？

恐龙属脊椎动物爬行类，首生存在中生代的陆地上的沼泽及灌木丛里，后肢比前肢长，且有尾。其中有许多种好肉食性，许多种好草食性。其中发展较缓慢的种类，类似最古之鳄及喙头类，发展较完善的种类与鸟类相似。

茂盛的植物

专家复原的恐龙栖息地，一般都生长着茂密的植物。

恐龙要换羽毛吗

幼年期的似尾羽龙

年幼的似尾羽龙可能会多次更换羽毛。

有研究表明，一些年幼的长着羽毛的恐龙与它们的长辈可能完全不同。因为幼龙在成长过程中会不断地更换羽毛，而且次数比较多。

这一独特的发现，是在似尾羽龙的化石上观察到的。似尾羽龙是一种长有羽毛的恐龙，活跃在1.25亿年前今天中国所位于的地区。

被比较的两块化石，都是处于幼年期的恐龙，它们的脊椎还没有完全融合说明了这一点。其中体形大一些、可能年龄也比较大的化石，其上腿骨长约12厘米，它的体型和现代的鹅类似，这具化石的前臂和尾部的羽毛与现代的鸟类羽毛几乎一样。

而另一具小一些、体型更像鸽子的那具化石，其前臂和尾部的羽毛只有远端看起来与现代的鸟类相似。而靠近身体的近端羽毛

是带状的，没有中心羽轴。而在此之前，一些其他种类的、同样生活在中国地区的有羽恐龙，在它们身上发现过中心羽轴这种结构。

和现生鸟类不同的是，在青春期中的一些时刻，这些恐龙会改变它们羽毛的基本结构，这可能是因为它们处于不同发育阶段和拥有不同的基因活性模式造成的。

你知道吗？

现代鸟类换羽毛是一年一次，换羽的时期因为种类的不同及气候环境的影响而有不同的换羽期。不过换羽通常容易发生在繁殖期过后。因为换羽时需要消耗大量的能量来生长出新的羽毛，所以几乎所有的鸟类在繁殖期内是不换羽的。

似尾羽龙

似尾羽龙在不同的发育阶段会改变羽毛的结构。

不同形态的似尾羽龙

似尾羽龙身体上覆盖着羽毛。

鸭嘴龙的水性怎么样

鸭嘴龙

鸭嘴龙的吻部由于前上颌骨和前齿骨的延伸和横向扩展,构成了宽阔的鸭状吻端,所以称为鸭嘴龙。

鸭嘴龙是恐龙公园中比较晚出现的恐龙,生活在距今 6500 万年前的白垩纪晚期。它的嘴扁平且长,与鸭嘴很相似,所以得名。从化石可以看出,鸭嘴龙前肢有四趾,后肢有三趾,它的后腿粗大且尾巴很长,共同构成三角架的姿势支撑着它全身的重量。它的前肢短小高悬于上部,能协助嘴够到高处的枝叶。它的嘴里长着成百上千的牙齿,这些牙齿呈棱柱形且成层镶嵌排列,上层掉了,下层会长出补充上去,这种牙齿结构会加快它咀嚼的速度并可以咬碎硬壳粗纤维的植物。

鸭嘴龙有两个种,分别为无顶饰的平顶龙和头部有顶饰的棘鼻龙,前者以山东龙为代表,后者以青岛龙为代表。专家认为头上的顶饰是它高高在上的鼻孔,这种生理结构很适合在水中生活,鸭嘴龙应该会游泳,在它的趾间应该有蹼。

20 世纪 80 年代,在美国出土了一具鸭嘴龙干尸,它的趾间没有蹼,但是从身上长有鳄鱼似的皮肤可以看出,它很有可能也适应水中的生活,所以应该是水陆两栖的爬行动物,在陆地上用前爪抓树叶,在水中用平扁的嘴铲食水草。

🔍 鸭嘴龙头部特写

所有鸭嘴龙的头骨皆显高，其枕部宽大，面部加长，前上颌骨和鼻骨也前后伸长，嘴部宽扁，外鼻孔斜长。

你知道吗 ❓

鸭嘴龙是鸟脚类恐龙最进步的其中一大类。在亚洲及北美洲等地，晚白垩世的鸭嘴龙化石到处都有发现。鸭嘴龙是北美最早发掘、纪录的一种恐龙。在中国除山东外，内蒙古、黑龙江、新疆等地均曾发现不少鸭嘴龙化石。

🔍 行进中的鸭嘴龙

鸭嘴龙可能是水陆两栖动物。

恐龙通过挖洞御寒的吗

洞穴

在寒冷的气候下，恐龙可能会在洞穴里御寒。

烈日下的恐龙

在炎热的气候下，也许恐龙待在洞穴里更加凉快。

为了度过寒冷的冬天，动物们都有自己独特的"取暖"办法。人类通过衣服、火炉、房子等来抵挡寒冷的冬季。猫、狗等哺乳动物则长着长长的毛，即使在冰天雪地中也不会觉得寒冷。蛇等爬行动物的方法就比较特别了，它们通过冬眠来度过寒冷的冬季。那么亿万年前的恐龙，是怎样抵御寒冷的呢？

2007年，美国和日本的研究人员在美国蒙大拿州西南部一个地下洞穴中发现了一种小型恐龙化石。地下洞穴与现在的斑纹土狼挖的洞穴很相似。洞穴里堆满了沉积物，一条长约2米、宽约70厘米的弯曲的隧道通向了洞穴的最深处。

在洞里研究人员还发现了一只成年恐龙和两只幼年恐龙的化石。它们的口鼻部、肩胛带和骨盆的骨骼化石与现生的挖洞的动物

很相似。根据其椎骨推测，这只成年恐龙长约 2.1 米，体重只有 20~30 千克，属于小型恐龙。

这是目前为止首次有化石和遗迹表明恐龙具有挖洞习性。为了在恶劣环境下生存，洞穴是一个很好的选择。与哺乳动物不同，爬行动物无法调节自身体温，在炎热的夏季洞穴可以用来避暑，在极地和寒冷的地区则可以用来保暖。所以，对于那些小型恐龙来说挖洞御寒是个不错的选择。

你知道吗？

在侏罗纪时期，海平面开始上升，原因可能是海底扩张的加速。新形成的海洋地壳，使海平面上升至现今的海拔 200 米左右。此外，盘古大陆开始分裂，形成特提斯洋。气温逐渐上升、稳定。

恐龙御寒

如果恐龙是冷血动物的话，无法维持自身的体温，在洞穴里御寒也是有可能的。

恐龙灭绝之火山爆发说

海底火山爆发的景象

海底火山爆发会影响海水温度，这也可能是恐龙灭绝的一个因素。

海底火山爆发

海底火山爆发同样威力惊人，如果是大规模爆发，很有可能对气候产生影响。

火山爆发的危害是很大的，大量的二氧化碳被喷出，造成地球短时间内的温室效应，使得很多生物死亡。而且，火山喷发会造成地球臭氧层的破裂，有害的紫外线会直接照射地球表面上，也会造成生物的大量死亡。

意大利著名物理学家安东尼奥·齐基基提出观点，他认为造成恐龙大绝灭的原因很可能是大规模的海底火山爆发。

齐基基教授认为，在白垩纪末期，大量的海底火山爆发，影响了海水的热平衡，并影响到了陆地气候，气候的变化直接影响了需要大量食物维生的恐龙等动物的生存。他的依据是，现代海底火山爆发会对海洋和大气产生影响，只是它的影响程度远比6500万年前发生的海底火山爆发要小。

齐基基教授认为，人们对海底火山爆发的情况了解得很少，现在很有必要深

入研究这种对地球环境会产生严重影响的现象。

他指出，在格陵兰曾经覆盖着茂密的植被，由于全球性的海洋水温平衡发生变化，寒冷的洋流改变了流向经过了格陵兰，这就改变了格陵兰的气候，使它成了冰雪覆盖的大地。这是海洋水温平衡变化对气候产生影响的最典型实例。所以，齐基基教授认为应该将海底火山的大规模爆发所引起的海洋水温平衡变化当作恐龙绝灭的一个重要参考因素。

你知道吗？

火山喷发是一种奇特的地质现象，是地壳运动的一种表现形式，也是地球内部热能在地表的一种最强烈的显示。是岩浆等喷出物在短时间内从火山口向地表的释放。

火山爆发

如果大量火山爆发，那么恐龙也躲不过这场灾难。

恐龙灭绝之小行星撞击说

小行星撞击地球

小行星撞击地球，恐龙也许就是因为这个原因灭绝的。

绝望的恐龙

在自然灾害面前，就算是强大的恐龙也无法避免灭绝的命运。

恐龙灭绝

白垩纪晚期，恐龙正式退出生物圈。

两亿多年前的中生代，爬行动物分布在地球的各个大陆，所以中生代又被称为"爬行动物时代"。那时的地球气候温暖，植物茂盛，有足够的食物保证恐龙的生存，由于受到的威胁较少，恐龙在地球上大量繁殖，种类越来越多。但是，灾难却降临在了它们头上，这些曾统治地球的霸主灭绝了。

说的比较多的观点是：当时曾有一颗直径 7～10 千米的小行星坠落在地球上，引起了大爆炸，大量尘埃被抛入大气层，出现了大量的尘雾，植物的光合作用无法进行，恐龙也无法在地球上生存。

科学家把当时的情景重现了出来：一天，恐龙们像往常一样出去觅食，这时天空突然亮了起来，一颗直径 10 千米、相当于一座中等城市的巨石坠落在地球上。那是一颗小行星，它以每秒 40 千米的速度坠进大海，在海底形成了一个巨大的深坑，海水被迅速汽化，蒸汽喷入万米高空，出现了高达 5000 米的海啸，它以极大的破坏力冲击着陆地，强大的震动引发了地球上的火山喷发，同时地球板块开始不规则地移动。

陨星撞击地球产生了大量的灰尘，两极冰雪开始融化，火山灰也布满了天空。黑暗笼罩着地球，气温骤降，大雨滂沱，暴发了泥石流，泥石流把恐龙卷走并深埋起来。

在以后的数月甚至数年里，这次撞击带来的影响还没有消失，天空依然尘烟翻滚，乌云密布，因为终年见不到阳光，地球的气温一直很低，完全是萧条的景象。恐龙就这样消失在了历史的长河中。

这个理论一提出，就获得了许多科学家的认可。1991 年，在墨西哥的尤卡坦半岛发现了一个陨石撞击坑，这进一步证实了这种观点。今天，这种观点依然被大多数人认可。

但也有不同的观点，因为事实上在这次灾难中蛙类、鳄鱼以及其他许多对气温比较敏感的动物都生存了下来，这种理论无法解释为什么只有恐龙灭绝了，而其他的生物却存活了下来。

美丽的宇宙

浩瀚的宇宙充满了未知的危险，一颗小行星给地球带来了巨大的灾难。

宇宙的力量是无法预测的

行星撞击对地球的影响是深远的。

你知道吗？

小行星撞击说是 1979 年由美国物理学家阿尔瓦雷斯等人提出的。他们认为，6500 万年前的一颗直径约为 10 千米的小行星与地球相撞，发生猛烈大爆炸，大量尘埃抛入大气层中，致使数月之内阳光被遮挡，食物链中断，包括恐龙在内的很多动物绝灭。

面临灾难的恐龙

小行星撞击带来的影响对恐龙来说是灾难性的。

恐龙灭绝之大气成分变化说

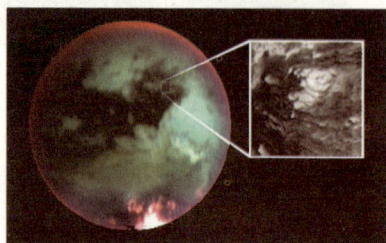

大气成分

地球的大气环境在不同时期是不同的，大气成分的改变会对自然界造成很大的影响。

环境的改变

对环境的适应能力在很大程度上决定了物种的发展。

行进中的恐龙

恐龙究竟是怎样灭绝的，仍然是未解的谜。

中生代大气中二氧化碳的浓度很高，而之后的新生代二氧化碳的浓度突然变低。所以就有了这样的观点，大气成分的变化导致了恐龙的灭绝。

众所周知，每种生物都有自己特定的生活环境，生活环境的变化会影响物种的发展。当环境有利于物种生存时，它就会迅速发展；反之，它就会衰落甚至会灭绝。环境的因素包括温度、水等，当然最重要的是大气成分。大气成分发生改变会影响到生物正常的生活。比如说，二氧化碳浓度过高，人就会有生命危险，而有些生物可能对二氧化碳浓度变化更为敏感。

在中生代，大气中的二氧化碳的含量较高，说明这很适合恐龙的生存。当时，已经出现了哺乳动物，但是它们始终处于弱势的地位，这可能就是因为它们不适应当时的大气成分以及环境，所以它们发展比较缓慢。

到了白垩纪末期，由于一些原因，地球的大气环境发生了巨大的变化，二氧化碳的含量急剧下降，氧气的含量增加，恐龙无法适应这样的环境，很容

易得病，而且疾病会像瘟疫一样蔓延。而哺乳动物适应了新的环境，它们成为了更先进、适应性更强的竞争者。在这两种因素的影响下，最终恐龙灭绝了。而少数存活下来的爬行动物则再也无法像它们的先辈们那样统治地球了。这就是自然界的法则——适者生存，而那些无法适应的恐龙就灭亡了。

变化中的环境

如果无法适应环境的改变，那么物种就面临着灭绝的危险。

南极洲的企鹅

如果地球环境发生改变，地球上现有的一些物种也会灭绝的。

剧烈的气候变化

大气成分的改变直接反映在气候的改变上。

你知道吗？

地球上的大气，有氮、氧、氩等常定的气体成分，有二氧化碳、一氧化二氮等含量大体上比较固定的气体成分，也有水汽、一氧化碳、二氧化硫和臭氧等变化很大的气体成分。

恐龙灭绝之气候骤变理论

专家根据深海地质钻探得到的资料，认为在 6500 万年前地球的气候发生了异常的变化，温度突然升高。这种变化导致恐龙等散热能力差的变温动物不能很好地适应环境，身体内的内分泌系统出现紊乱，严重损害了雄性个体的生殖系统。这就导致了恐龙无法进行后代繁殖，最终走向了绝灭。

另一种观点认为，虽然同样是气候骤变引起恐龙灭绝，但是灭绝的过程却是不同的。他们认为，在距今大约 7000 万年前，北冰洋与其他大洋被陆地完全隔开，在白垩纪末期，海水突然转变成了淡水。

到了距今 6500 万年前，分隔北冰洋与其他大洋的陆地突然发生了移动。大量因淡化而变轻的北冰洋的水流入其他大洋。因为北冰洋的水温度很低，这些"外溢"的冷水形成寒流，使得地球大洋的海水温度骤降了大约 20℃。

突然变低的海洋温度严重影响了地球的大陆气候，大陆上空的空气变冷。同时，空气中的水蒸气含量也迅速降低，陆地变得普遍干旱。这一系列气候的改变，最终导致了恐龙的灭绝。

气候骤变很有可能是通过影响恐龙的卵而导致恐龙灭

觅食中的恐龙

恐龙的生存要依赖于自然环境。

恐龙也难逃灭亡的命运

恐龙灭亡于约 6500 万年前的白垩纪所发生的中生代末白垩纪生物大灭绝事件。

恐龙眼中的世界末日

支配全球陆地生态系统超过 1 亿 6 000 万年之久的恐龙也难逃灭绝的命运。

绝的。科学家发现，在白垩纪末期，恐龙蛋的蛋壳有出现了变薄的趋势，这说明在恐龙大绝灭之前气候出现了极大的变化。

中国的一些古生物学家也发现，在一些化石地点发现的恐龙蛋，临近绝灭时期的恐龙蛋蛋壳上的气孔比其他时期的恐龙蛋蛋壳上的气孔要少很多，这与气候变得寒冷干燥有一定的关系。

在海边饮水的恐龙

气候骤变，如果恐龙无法适应，就要面临灭绝的危险。

冰川

气候的改变会使地理环境产生巨大的变化。

你知道吗?

恐龙在地球上的霸主地位共延续了 1.5 亿年，三叠 / 白垩界线处的大灭绝事件，为恐龙招来了巨大灾难。据目前所知，当时所有重约 10 ~ 25 千克的生物基本都灭绝了。

恐龙骨骼化石

在今天，我们只能通过这些化石来了解那段恐龙称霸地球的岁月。

恐龙灭绝之其他理论

地球

人类如果不保护好地球，那么人类的灾难就将来临。

除了前面介绍的几种理论外，还有许多其他的理论，比如物种斗争说、地磁变化说、被子植物中毒说、大陆漂移说、酸雨说等。

物种斗争说认为，白垩纪末期，小型哺乳类动物出现了，它们属于啮齿类肉食动物，会偷食恐龙蛋。由于天敌很少，它们繁殖得越来越多，最终吃光了恐龙蛋。

大陆漂移说认为，在中生代，地球的大陆只有一块，即泛古陆。由于地壳发生了变化，这块大陆在白垩纪发生了分裂和漂移现象，导致地球环境和气候发生了变化，最终导致恐龙灭绝。

持地磁变化说的人们认为，现代生物学证明某些生物的死亡与磁场变化有关。磁场发生变化时候就会导致对地球磁场比较敏感的生物灭绝。由此得出，恐龙的灭绝很可能与地球磁场的变化有关。

还有专家推测，白垩纪末期可能出现过强烈的酸雨，使土壤中包括锶在内的微量元素被溶解了，恐龙在饮水和进食时直接或间

接地摄入锶，从而出现了中毒现象，最终导致恐龙灭绝了。关于恐龙灭绝原因的假说，还有很多种，但是上述这几种假说，在科学界都有比较多的支持者。当然，上面的每一种假说都存在漏洞。比如，恐龙中某些小型的虚骨龙，完全可以对抗早期的小型哺乳动物，所以"物种斗争说"缺少依据。"被子植物中毒说"和"酸雨说"同样没有足够的证据。所以，恐龙灭绝的真正原因，一直是个谜。

恐龙公园

关于恐龙还有很多谜团待解开。

你知道吗

任何一种生物都要经历产生、发展、繁荣、灭亡的过程，就像每一个人都要经历生老病死一样。这是大自然的规律，并不会因为那一物种庞大强盛而改变。恐龙灭绝了，随后出现了一个新新的时代，更多的更高级的生物将把地球装点得更加美好。

消逝的生命

我们只能从影视资料中看到恐龙了。

知识问答

1. 下面哪种生物不应该生存于侏罗纪？（ ）

A. 小草　B. 鱼龙　C. 菊石　D. 始祖鸟

2. 被古生物学家认为是恐龙后代的生物是（ ）。

A. 蜥蜴　B. 鸟类　C. 鳄鱼　D. 鲸鱼

3. 哪个地方被称为"四川的恐龙公墓"？（ ）

A. 自贡　B. 宜宾　C. 绵阳　D. 泸州

4. 最聪明的恐龙是（ ）。

A. 伤齿龙　B. 原角龙　C. 剑龙　D. 梁龙

5. 哪种恐龙最硬？（ ）

A. 霸王龙　B. 异特龙　C. 雷龙　D. 剑龙

6. 最小的肉食性恐龙是（ ）。

A. 美颌龙　B. 里奥哈龙　C. 黑丘龙　D. 鼠龙

7. 谁最先发现了恐龙？（ ）

A. 曼特尔夫妇　B. 罗伯特巴克　C. 约翰奥斯特伦姆　D. 格哈德海尔曼

8. 最长的一组恐龙脚印化石在哪里？（ ）

A. 中国　B. 蒙古　C. 俄罗斯　D. 美国

9. 脖子最长的恐龙是（ ）。

A. 雷龙　B. 腕龙　C. 马门溪龙　D. 梁龙

10. 蜥臀目恐龙可以分为三个亚目，以下哪个不属于蜥臀目？（ ）

A. 原蜥脚亚目　B. 鸟脚亚目　C. 蜥脚亚目　D. 兽脚亚目

11. 食量最大的恐龙是（ ）。

A. 腕龙　B. 雷龙　C. 梁龙　D. 地震龙

12. 第一只用架搭起来的恐龙骨骼是在（　　）年。

A.1965　B.1966　C.1967　D.1968

13. 大型蜥脚类恐龙的蛋大多数是（　　）形的。

A.圆球　B.椭圆　C.长

14. 跑得最快的恐龙是（　　）。

A.鸸鹋龙　B.鸭嘴龙　C.雷龙　D.霸王龙

15. 最早的一部恐龙电影是（　　）。

A.《恐龙吉乐提》　B.《恐龙世纪》　C.《侏罗纪公园》　D.《与恐龙同行》

16. 最高的恐龙是（　　）。

A.梁龙　B.雷龙　C.巴洛龙　D.极龙

17. 最迟出现的恐龙是（　　）。

A.蜥脚类恐龙　B.剑龙类恐龙　C.鸟脚类恐龙　D.角类恐龙

18. 保存最完好的恐龙发现于（　　）。

A.美国　B.加拿大　C.中国　D.俄罗斯

19. 爪最大的恐龙是（　　）。

A.镰刀龙　B.恐爪龙　C.重爪龙　D.肿头龙